绿色印刷手册

新闻出版总署印刷发行管理司
环境保护部科技标准司

印刷工业出版社

图书在版编目（CIP）数据

绿色印刷手册/新闻出版总署印刷发行管理司,环境保护部科技标准司
主编.–北京:印刷工业出版社,2012.11
ISBN 978-7-5142-0596-1

Ⅰ.绿… Ⅱ.①新… ②环… Ⅲ.印刷术－无污染技术－技术手册
Ⅳ.TS805-62

中国版本图书馆CIP数据核字(2012)第248611号

绿色印刷手册

主　　编:	新闻出版总署印刷发行管理司　环境保护部科技标准司	
责任编辑:	郭　蕊　陈媛媛	责任校对: 岳智勇
责任印制:	张利君	责任设计: 张　羽
出版发行:	印刷工业出版社（北京市翠微路2号 邮编: 100036）	
网　　址:	www.keyin.cn　　www.pprint.cn	
网　　店:	pprint.taobao.com　www.yinmart.cn	
经　　销:	各地新华书店	
印　　刷:	北京华联印刷有限公司	
开　　本:	787mm×1092mm　　1/32	
字　　数:	50千字	
印　　张:	3.25	
印　　次:	2012年11月第1版　 2012年11月第1次印刷	
定　　价:	30.00元	
I S B N:	978-7-5142-0596-1	

如发现印装质量问题请与我社发行部联系 发行部电话: 010-88275602

绿色印刷手册

编委会

主　　编：

　　新闻出版总署印刷发行管理司
　　环境保护部科技标准司

编委会主任：

　　王岩镔　　赵英民

编委会委员：

　　曹宏遂　刘志全　路　洲　姜　宏

执　笔　人：

　　陈迎新　曹　磊　李　江

序　言

2010 年 9 月，环境保护部部长周生贤和新闻出版总署署长柳斌杰共同签署了《实施绿色印刷战略合作协议》，标志着我国推进绿色印刷实施工作的正式启动。一年来，新闻出版总署认真贯彻国家环保战略，加快推进绿色印刷实施，开展了大量工作。中小学教材绿色印刷试点成效显著，绿色印刷重大项目得到国家资助，绿色印刷培训宣传影响广泛，绿色印刷展览成功举办，绿色印刷研究课题加快进行，环境保护部颁布了平版绿色印刷标准，积极推进企业的绿色印刷认证工作，在两部门共同推动下，绿色印刷不仅已成为印刷全行业"十二五"发展的共识，而且正在付诸实践。仅一年多的时间，我国绿色印刷的实施已经迈出步伐并初见成效，并将成为推动我国从印刷大国向印刷强国迈进的重要举措。

与此同时，我们也应当清醒地看到，我国绿色印刷实施工作才刚刚启动，绿色印刷的理念、技术、管理特别是投入与我国现有的 10 万家企业、7700 亿元年产值的印刷业规模相比，还仅仅是杯水车薪。当前我国实施绿色印刷的任务仍然非常艰巨。

2011 年 10 月 8 日，新闻出版总署与环境保护部共同发布了《关于实施绿色印刷的公告》，对我国实施绿色印刷做出了较为全面的部署和安排，我国绿色印刷实施工作进入了一个新的阶段。"十二五"期间，我们要按照这个路线图和时间表，认真开展工作，在全行业逐步建立和完善绿色印刷管理体系，充分发挥绿色印刷的引领作用，争取在"十二五"期末绿色印刷企业在全部印刷企业数量中所占的比例超过30%。

党的十七届六中全会对深化文化体制改革、推动社会主义文化大发展大繁荣做出了重要决策和部署。社会主义文化大发展大繁荣对我国印刷业发展提出了更高的要求，也创造了更大的发展空间。我们要通过加快实施绿色印刷战略，限制并淘汰落后技术装备，改造印刷环境，提升印刷产能，生产优质印刷产品，不断提高我国印刷业现代化水平，充分满足国民经济和人民群众生活的各种需求，为社会主义文化大发展大繁荣做出贡献。

希望新闻出版总署印刷发行管理司和环境保护部科技标准司共同编著的《绿色印刷手册》能够在宣传"绿色印刷"理念、普及"绿色印刷"知识、指导"绿色印刷"工作等诸方面起到应有的作用。

让绿色印刷与美好生活同行！

新闻出版总署副署长
国家版权局副局长　阎晓宏

二〇一一年十一月一日

多年来，我国积极实施可持续发展战略，将环境保护放在重要的战略位置，全面推进节能减排，着力解决影响可持续发展和损害群众健康的突出环境问题，取得了明显成效。"十一五"期间，全国主要污染物化学需氧量、二氧化硫排放量分别下降了 12.45% 和 14.29%，主要的环境质量指标任务均提前完成，充分显示了我国加强环境保护的决心和能力，也诠释了推动绿色发展的理念与行动。

2010 年 9 月，环境保护部和新闻出版总署签署了《实施绿色印刷战略合作协议》，共同推进印刷行业的绿色发展。绿色印刷，主要是指对生态环境影响小、污染少、节约资源能源的印刷方式。通过实施绿色印刷，对印刷用的原辅材料中污染物进行限制，降低印刷生产中的污染物排放，规范废弃物回收和危险废物处理，将环境保护要求贯穿于印刷的全过程，从而向社会提供环境友好的印刷产品，促进印刷行业节能减排，保护人民群众的身体健康。

为实施绿色印刷战略，环境保护部和新闻出版总署组织制定发布了我国首个绿色印刷标准《环境标志产品技术要求 印刷 第一部分：平版印刷》（HJ 2503-2011）；在全国开展了大规模的绿色印刷宣传，对有关行业协会和 360 多家企业代表进行了绿色印刷标准培训；积极推进绿色印刷认证，目前，已有 60 家印刷企业通过了相关认证；引领和带动印刷企业提高认识、转变观念，为印刷行业全面实施绿色印刷战略奠定了基础。

近期，国务院印发了《关于加强环境保护重点工作的意见》（国发〔2011〕35 号），对新时期环境保护工作进行了部署。其中强调指出，要鼓励使用环境标志、环保认证和绿色印刷产品。表明了国家对绿色印刷工作的高度重视，指明了绿色印刷的发展方向，是我们大力推进绿色印刷工作的重要依据。

我相信，实施绿色印刷战略，必将促进印刷全行业的技术升级和结构调整，创造新的发展优势，迎来更大的发展空间。《绿色印刷手册》比较全面地介绍了实施绿色印刷的目的意义、工作内容和要求，希望各地环境保护、新闻出版主管部门，出版、印刷相关企业认真学习，加深对绿色印刷的认识，为印刷行业的绿色发展做出贡献。

环境保护部副部长　吴晓青

二〇一一年十一月一日

目　录

《关于实施绿色印刷的公告》.........................1

《国务院关于加强环境保护重点工作的意见》
（摘录）.........................7

《国务院办公厅关于加强环境保护重点工作
部门分工的通知》（摘录）.........................8

《关于中小学教科书实施绿色印刷的通知》.......9

第一篇　绿色印刷概述
　一、什么是绿色印刷.........................16
　二、绿色印刷的现状及发展.........................18
　三、实施绿色印刷战略的重要意义.............24

第二篇　我国实施绿色印刷的规划
　一、实施绿色印刷的范围.........................27
　二、实施绿色印刷的条件.........................27
　三、实施绿色印刷的目标.........................33

第三篇 实施绿色印刷对印刷企业和产品的要求

一、绿色印刷标准.................................. 38

二、实施绿色印刷对企业和产品的要求.... 39

三、标准实施的环境效益....................... 56

第四篇 中国环境标志计划及认证程序

一、中国环境标志计划........................... 59

二、中国环境标志产品认证程序.............. 69

三、对申请认证企业的要求.................... 69

附录

1. 环境标志产品技术要求 印刷
   第一部分：平版印刷........................ 72

2. 已获得绿色印刷认证企业名单............ 83

3. 中小学教科书环境标志印制要求........ 89

后记

中华人民共和国新闻出版总署
中华人民共和国环境保护部

2011 年 第 2 号

关于实施绿色印刷的公告

为推动我国生态文明、环境友好型社会建设，促进印刷行业可持续发展，根据《中华人民共和国环境保护法》和《印刷业管理条例》的有关规定，新闻出版总署和环境保护部决定共同开展实施绿色印刷工作。现将有关事项公告如下：

一、实施绿色印刷的指导思想

认真贯彻党的十七大、十七届五中全会精神，深入学习实践科学发展观，坚持"以人为本"的宗旨，本着"全面推进、重点突破、创新机制、加强监管"的原则，通过在印刷行业实施绿色印刷战略，促进印刷行业发展方式的转变，加快建设印刷强国，推动生态文明、环境友好型社会建设。

二、实施绿色印刷的范围和目标

（一）实施绿色印刷的范围

绿色印刷是指对生态环境影响小、污染少、节约资源和能源的印刷方式。实施绿色印刷的范围包括印刷的生产设备、原辅材料、生产过程以及出版物、包装装潢等印刷品，涉及印刷产品生产全过程。

（二）实施绿色印刷的目标

通过在印刷行业实施绿色印刷战略，到"十二五"期末，基本建立绿色印刷环保体系，力争使绿色印刷企业数量占到我国印刷企业总数的30%，印刷产品的环保指标达到国际先进水平，淘汰一批落后的印刷工艺、技术和产能，促进印刷行业实现节能减排，引导我国印刷产业加快转型和升级。

三、实施绿色印刷的组织管理

为加强对实施绿色印刷工作的组织领导，新闻出版总署和环境保护部决定共同成立实施绿色印刷工作领导小组，负责统一领导实施工作，统筹协调有关部门，督促检查工作进展。

领导小组组长由两部门主管副部级领导担任，日常工作由新闻出版总署印刷发行管理司和环境保护部科技标准司承担。

四、绿色印刷标准

绿色印刷标准是实施绿色印刷、评价绿色印刷成果的技术依据，绿色印刷标准由环境保护部和新闻出版总署共同组织制定，由环境保护部以国家环境保护标准《环境标志产品技术要求 印刷》的形式发布。绿色印刷标准对印前、印刷和印后过程的资源节约、能耗降低、污染物排放、回收利用等方面以及使用的原辅材料提出相关要求，特别是针对印刷产品中的重金属和挥发性有机化合物等危害人体健康的有毒有害物质提出控制要求。

环境保护部已于 2011 年 3 月 2 日发布了国家环境保护标准《环境标志产品技术要求 印刷 第一部分：平版印刷》（HJ 2503-2011）。今后根据工作进展情况，将陆续制定发布相关标准。各级新闻出版和环境保护行政主管部门应做好标准的宣传贯彻工作。

五、绿色印刷认证

实施绿色印刷工作的重要途径是在印刷行业开展绿色印刷环境标志产品认证（以下简称绿色印刷认证）。绿色印刷认证按照"公平、公正和公开"原则进行，在自愿的原则下，鼓励具备条件的印刷企业申请绿色印刷认证。国家对获得绿色印刷认证的企业给予项目发展资金、产业政策和管理措施等的扶持和倾斜。

六、实施绿色印刷的工作安排

（一）启动试点阶段

2011 年，在印刷全行业动员和部署实施绿色印刷工作。各地要深入学习和宣传国家环境保护标准《环境标志产品技术要求 印刷 第一部分：平版印刷》；有条件的地区和企业要针对青少年儿童紧密接触的印刷品特别是在中小学教科书上率先进行绿色印刷试点；鼓励骨干印刷企业积极申请绿色印刷认证。

（二）深化拓展阶段

2012 年至 2013 年，在印刷全行业构筑绿色印刷框架。陆续制定和发布相关绿色印刷标准，逐步在票据票证、食品药品包装等领域推广绿色印刷；建立绿色印刷示范企业，出台绿色印刷的相关扶持政策；基本实现中小学教科书绿色印刷全覆盖，加快推进绿色印刷政府采购。

（三）全面推进阶段

2014 年至 2015 年，在印刷全行业建立绿色印刷体系。完善绿色印刷标准；绿色印刷基本覆盖印刷产品类别，力争使绿色印刷企业数量占到我国印刷企业总数的 30%；淘汰一批落后的印刷工艺、技术和产能，促进印刷行业实现节能减排，引导我国印刷产业加快转型和升级。

七、实施绿色印刷的配套保障

（一）宣传引导

新闻出版总署和环境保护部决定每年11月第一周为"绿色印刷宣传周"。各地要结合自身实际，大力宣传我国实施绿色印刷战略、推进绿色印刷的措施和成效，开展多种形式的宣传教育活动，普及绿色印刷知识，提高全社会的绿色印刷意识。引导印刷企业及印刷设备、原辅材料生产企业积极履行社会责任，大力推动节能环保体系建设。统筹协调组织好"绿色印刷在中国"等系列活动。

（二）教育培训

结合绿色印刷标准实施，对相关行政主管部门、行业协会和企业人员开展多层次、多形式的教育培训工作，提高政府行政管理人员的监督管理能力，提高行业协会工作人员的指导协调能力，提高检测机构和企业内部人员的技术保障能力，增强全行业从业人员的绿色印刷意识。

（三）政策扶持

新闻出版总署和环境保护部将与有关部门和地区研究出台绿色印刷的扶持政策，鼓励有关企业、科研机构和高等院校建立产学研相结合的实施绿色印刷的新模式，对实施绿色印刷取得突出业绩的部门和企业进行奖励。各地要结合自身实际，研究出台对绿色印刷的扶持政策。

（四）监督检查

各级新闻出版和环境保护行政主管部门要高度重视实施绿色印刷工作，抓好工作落实；相关检测机构要根据有关标准做好绿色印刷质量检测工作。新闻出版总署和环境保护部将对各地实施绿色印刷工作的情况进行督促检查，建立健全责任制和责任追究制，逐步完善绿色印刷管理的长效机制。

特此公告。

新闻出版总署 环境保护部
二〇一一年十月八日

中华人民共和国国务院

国发〔2011〕35号

关于加强环境保护重点工作的意见

（摘 录）

（九）大力发展环保产业。加大政策扶持力度，扩大环保产业市场需求。鼓励多渠道建立环保产业发展基金，拓宽环保产业发展融资渠道。实施环保先进适用技术研发应用、重大环保技术装备及产品产业化示范工程。着重发展环保设施社会化运营、环境咨询、环境监理、工程技术设计、认证评估等环境服务业。**鼓励使用环境标志、环保认证和绿色印刷产品。**开展污染减排技术攻关，实施水体污染控制与治理等科技重大专项。制定环保产业统计标准。加强环境基准研究，推进国家环境保护重点实验室、工程技术中心建设。加强高等院校环境学科和专业建设。

国务院

二○一一年十月十七日

中华人民共和国国务院办公厅

国办函〔2011〕158号

关于加强环境保护
重点工作部门分工的通知

（摘 录）

46.鼓励使用环境标志、环保认证和绿色印刷产品。（质检总局、工业和信息化部、财政部、环境保护部、新闻出版总署）

国务院办公厅
二〇一一年十二月十六日

中华人民共和国新闻出版总署
中华人民共和国教育部
中华人民共和国环境保护部

新出联〔2012〕11号

关于中小学教科书实施
绿色印刷的通知

各省（区、市）新闻出版局、教育厅（教委）、环境保护厅（局），各中小学教科书出版及印刷企业，各相关质检机构：

中小学教科书实施绿色印刷是我国保护青少年儿童身体健康，转变印刷业发展方式，推动生态文明、环境友好型社会建设的重要举措。《国务院关于加强环境保护重点工作的意见》（国发〔2011〕35号）提出，鼓励使用环境标志、环保认证和绿色印刷产品。2011年10月，新闻出版总署、环境保护部印发了《关于实施绿色印刷的公告》（2011年第2号）。根据公告确定的"基本实现中小学教科书绿色印刷全覆盖"的工作目标，现将有关具体工作安排通知如下：

一、指导思想

深入贯彻落实科学发展观和党的十七届六中全会精神，坚持以人为本、执政为民，通过中小学教科书全面实施绿色印刷工作，免除青少年儿童和印刷从业人员日常接触到的印刷产品中有毒有害物质，保护广大青少年儿童和印刷从业人员的身体健康，减少出版、印制教科书过程中的污染物排放，淘汰达不到标准的教科书印刷企业，加快印刷业发展方式转变、促进印刷业产业升级，推动生态文明、环境友好型社会建设。

二、工作范围和目标

（一）工作范围

中小学教科书实施绿色印刷的范围包括全国义务教育阶段国家课程和地方课程的所有教科书。中小学教科书必须委托获得绿色印刷环境标志产品认证的印刷企业印制。

（二）工作目标

从今年秋季学期起，各地使用的绿色印刷中小学教科书数量应占到本地中小学教科书使用总量的30%；再经过 1～2 年，基本实现全国中小学教科书绿色印刷全覆盖。通过中小学教科书实施绿色印刷，引起社会各界对中小学教科书环保安全的关注和重视，提高环保意识，推动印刷行业实施绿色印刷，促进印刷产业集约化经营。

三、组织机构

新闻出版总署、教育部、环境保护部联合建立中小学教科书实施绿色印刷工作领导小组。各部门分管负责同志参加，不定期召开会议，确定有关工作内容，通报各地工作进展情况，组织力量督促检查，对各地实施情况进行验收。领导小组下设办公室，办公室设在新闻出版总署印刷发行管理司，具体负责实施工作的组织和协调。

四、实施步骤

（一）动员部署阶段

新闻出版总署、教育部、环境保护部将于今年5月联合举办中小学教科书实施绿色印刷启动仪式，有关安排另行通知。各地要按照本通知要求，相应设立领导小组及办公室，加强领导，落实责任，形成合力，结合本地实际对中小学教科书实施绿色印刷工作进行动员和部署。

（二）试点推广阶段

从今年秋季学期开始，各地可从中小学国家课程或地方课程中选取部分课程的教科书试点实施绿色印刷，实施绿色印刷中小学教科书数量应占到本地中小学教科书使用总量的30%以上，有条件的地区可以扩大实施比例。教科书印制过程中要积极采用符合绿色印刷要求的原辅材料，质检部门要尽快构建中小学教科书绿色印刷检测体系。

（三）全面完成阶段

再经过1～2年，中小学教科书绿色印刷基本实现全覆盖，绿色印刷将成为全国中小学选用教科书的必备条件。教科书绿色印刷的检测体系基本建立。新闻出版总署、教育部、环境保护部将组成督查组，对各地中小学教科书绿色印刷完成情况进行检查和验收。

五、分工要求

（一）中小学教科书出版单位（租型单位）要认真学习平版绿色印刷标准和有关要求，合理确定教科书印制的原辅材料和印刷形式，必须委托获得绿色印刷环境标志产品认证的印刷企业印制中小学教科书［印刷企业名单见附件1，中环联合（北京）认证中心有限公司将定期更新］。接受委托的印刷企业无法完成生产任务的，出版单位（租型单位）要重新选择印刷企业，并重新开具印刷委托书。出版单位（租型单位）委托选择印刷企业有困难的，可经所在地省级新闻出版行政部门报请新闻出版总署统筹调剂。

（二）接受委托印制中小学教科书的印刷企业要严格控制生产工艺与流程，积极采用绿色环保的印刷设备和原辅材料，确保教科书符合绿色印刷产品质量要求。实施绿色印刷的中小学教科书应按环境保护部环境标志使用管理的有关规定，在教科书封底印制中国环境标志（具体要求见附件2）。

（三）新闻出版行政部门要主动协调中小学教科书出版单位（租型单位）、印刷企业和发行企业，督促有关单位提前安排生产计划，精心组织力量实施，确保中小学教科书"课前到书、人手一册"。

（四）教育行政部门要指导学校组织人员对绿色印刷教科书上印制的中国环境标志进行讲解，增加素质教育内容，逐步培养青少年儿童的环保意识。

（五）环境保护行政部门要将各地中小学教科书实施绿色印刷的情况纳入环境保护责任考核，建立健全中小学教科书实施绿色印刷的监督和反馈机制。

（六）出版物质检部门要将中小学教科书绿色印刷质量检测纳入监管范围，今年作为重点进行抽查，从明年开始各地质检部门每年要组织不少于 20 次的针对中小学教科书绿色印刷的质量检查。对检测不合格的产品，予以更换，并追究相关出版单位（租型单位）和印刷企业的责任。

六、监督处罚

（一）中小学教科书出版单位（租型单位）未将教科书印制业务委托具有资质的印刷企业，或者要求印刷企业采用不符合绿色印刷标准的原辅材料印制教科书的，由新闻出版行政部门依照有关规定调整或者取消其出版（租型）中小学教科书的资质。

（二）印刷企业未按标准印刷生产中小学教科书的，由中环联合（北京）认证中心有限公司取消其绿色印刷环境标志产品认证资格，该企业不得再承接中小学教科书印制任务。

（三）新闻出版、教育、环境保护行政部门和学校不得以任何名目向学生收取涉及绿色印刷的任何费用。违反规定，依法严肃处理。

各地新闻出版、教育、环境保护行政部门要加强对中小学教科书实施绿色印刷工作的组织领导，大力宣传中小学教科书实施绿色印刷的重要意义和有关工作成果，营造良好舆论氛围；全面掌握工作情况，对出现的问题，要及时沟通、协商解决，对实施工作的意见和建议报送领导小组办公室。新闻出版总署、教育部和环境保护部将对各地中小学教科书实施绿色印刷工作开展情况进行督促检查，还将组织验收组对各地实施情况进行验收，对提前实现中小学教科书绿色印刷全覆盖的地区给予表扬，对没有按期完成工作任务的地区，给予全国通报批评并组织整改。

新闻出版总署 教育部 环境保护部
二〇一二年四月六日

第一篇 绿色印刷概述

一、什么是绿色印刷

（一）绿色印刷的概念

绿色印刷是指采用环保材料和工艺，印刷过程中产生污染少、节约资源和能源，印刷品废弃后易于回收再利用再循环、可自然降解、对生态环境影响小的印刷方式。绿色印刷要求与环境协调，包括环保印刷材料的使用、清洁的印刷生产过程、印刷品对用户的安全性，以及印刷品的回收处理及可循环利用。即印刷品从原材料选择、生产、使用、回收等整个生命周期均应符合环保要求。

（二）绿色印刷的内涵

绿色是世界各国普遍认同的，对具有环境友好与健康有益两个核心内涵属性事物的一种形容性、描述性称谓；绿色印刷是指采用环保材料和工艺，印刷过程中产生污染少、节约资源和能源，印刷品废弃后易于回收再利用再循环、可自然降解、对生态环境影响小的印刷方式。不仅体现可持续发展理念、以人为本、先进科技水平，也是实现节能减排与低碳经济的重要手段。

绿色印刷的产业链主要包括绿色印刷材料、印刷图文设计、绿色制版工艺、绿色印刷工艺、绿色印后加工工艺、环保型印刷设备、印刷品废弃物回收与再生等。通过绿色印刷的实施，可使包括材料、加工、应用和消费在内的整个供应链系统步入良性循环状态。

（三）绿色印刷的主要特征

一般而言，绿色印刷应具有以下基本特征：

1. 减量与适度。绿色印刷在满足信息识别、保护、方便、销售等功能的条件下，应是用量最少、工艺最简化的适度印刷。

2. 无毒与无害。印刷材料对人体和生物应无毒与无害。印刷材料中不应含有有毒物质，或有毒物质的含量应控制在有关标准以下。

3. 无污染与无公害。在印刷产品的整个生命周期中，均不应对环境产生污染或造成公害，即从原材料采集、材料加工、制造产品、产品使用、废弃物回收再生，直至最终处理的生命全过程均不应对人体及环境造成公害。

二、绿色印刷的现状及发展

（一）国际绿色印刷的发展概况

绿色印刷于 20 世纪 80 年代后期在以日本、美国、德国等为代表的西方发达国家出现，经二十余年的发展，现已从概念讨论阶段进入到实际应用阶段，无论从理念还是到技术标准、设备工艺、原辅材料以及软件应用等方面都有了极大的发展并日趋成熟。在欧美发达国家，绿色印刷是其科技发展水平的体现，同时也是替代产生环境污染和高能耗的传统印刷方式的有效手段。

1. 美国

美国国家环境保护局通过资助各州的环保组织，以企业认证、政府采购引导、税收优惠等方式引导企业进行节能减排。例如伊利诺斯州的环保组织 PNEAC（Printers National Environmental Assistance Center）就协助不少印刷企业成功地实现了企业节能减排。

同时，美国也非常关注挥发性有机化合物（VOC）的排放，已经禁止使用含苯的溶剂型油墨，取而代之的是绿色环保型油墨。目前，美国塑料印刷中有 40％采用水性油墨。

2. 澳大利亚

澳大利亚环保局委托其印刷协会制订印刷企业环境保护手册，列举澳大利亚的印刷企业在节能减排上的成功案例,及各种环保耗材采购清单,用以指导印刷企业的节能减排与低碳发展。例如:智能电表监测用电、以无水胶印和CTP技术实现减排案例。

3.德国

德国工业协会制定了印刷业低碳发展指导方针,在2010年初作为德国机械设备制造业联合会(VDMA)的标准出版,成为评价能耗和效率的重要基础。

4.英国

英国印刷工业联合会推出碳排量计算器,该计算器可根据PAS 2050(产品与服务生命周期温室气体排放评估规范)和GHG(温室气体)标准对工厂和产品的碳排放量进行估算,给出"碳足迹",用于指导印刷企业的节能减排。

5.日本

日本印刷产业联合会2001年颁布《印刷服务绿色标准》,分别就平版印刷、凹版印刷、标签印刷、丝网印刷服务的各工序、材料、管理等制定了详细的绿色标准。2006年,日本印刷产业联合会对该标准进行了大幅度的修订,同年4月,增订《绿色印刷认定制度》(又称"GP认定制度")。

《绿色印刷认定制度》是对依照绿色标准、致力于减少环境负荷的工厂实际状况进行评价的一项制度，要求也十分严格。被认定的"印刷工厂和企业"可以称作"GP 认定工厂"，获得"绿色印刷标志"（GP 标志）以证明其是关注环境的印刷工厂。"绿色印刷标志"分为 3 星制，1 星为印刷过程达标，2 星为全部工艺过程达标，3 星为使用器材达到最高标准。日本印刷产业联合会 2010 年 3 月在世界印刷及传播论坛理事会上介绍，日本拿到绿色标准认证的印刷企业已有 201 家。

（二）我国绿色印刷的现状及发展

目前，我国印刷业已形成 10 万家印刷企业，356 万从业人员，年总产值达 8677 亿元的较大产业，但技术先进的大企业和企业集团不多，还是以中小企业为主体，在不少企业里，各种传统的制版、印刷、印后加工工艺仍在我国占据很大的份额。从制版工序的胶片和废定影液、电镀液，到印刷过程中的溶剂型油墨、异丙醇润版液、洗车水，再到印后整饰中仍在广泛使用的即涂膜、油性上光工艺等，对环境都存在着污染问题。如印前制版使用的乙酸、甲醇、硝基苯、草酸、氯化锌、糠醛等，都含有有毒化学成分，印刷使用的普通油墨、洗车水等含有铅、铬、汞等重金属元素。1988年，新闻出版署就规定，印刷行业有8个有毒有害工种可以提前退休，虽然是对职工健康和权益的一种保护和补偿，但必定是已经对健康造成了一定的伤害。由于众多印刷企业仍沿用着传统印刷工艺，在某些生产环节仍存在一些诸如有机溶剂挥发、废水排放等造成的环境问题。由于目前还缺乏完备的环保评价手段及技术标准、专业的检测机构、高素质的人才队伍、高效节能的替代技术等，所以在直接关系广大人民群众尤其是青少年健康安全的印刷产品以及节能降耗等方面，存在着一些需要引起我们高度警惕并着力解决的问题，突出表现为：在印刷品的生产加工环节对产品的环保性、安全性关注不足，缺乏有效的管理、监督；企业和从业人员环境保护意识不强，建设"绿色·创意·和谐"印刷的理念尚未深入人心；对适用于不同规模、不同类型印刷企业的环保技术或产品缺乏有针对性的开发研究；针对印刷产业的环保评价认证体系和技术标准、信息系统的建设工作相对滞后。

这些突出问题的存在与我国建设资源节约型和环境友好型社会的目标以及总产值排名世

界第三的印刷大国地位是不相称的，也成为我国印刷产品突破国际贸易"绿色壁垒"、实施文化产业"走出去"战略和建设印刷强国的障碍。

这些问题的解决，亟待我们找到一个突破口，而实施推广绿色印刷是一个极好的形式。

2010 年 9 月，新闻出版总署与环境保护部共同签署《实施绿色印刷战略合作协议》，正式揭开了我国绿色印刷发展的大幕。2011 年 3 月 2 日，国家环境标准《环境标志产品技术要求印刷 第一部分 平版印刷》，经由环境保护部批准正式颁布实施，自此，绿色印刷有了明确的准入门槛。

2011 年 5 月发布的《印刷业"十二五"时期发展规划》中明确了印刷业发展的主要任务，其中特别指出要引导产业绿色转型，组织好"绿色环保印刷体系建设工程"，协调有关部门开展多层次多方位合作，制定和完善绿色环保印刷标准，开展绿色环保印刷企业和印刷产品的认证，推进我国绿色环保印刷的发展。具体保障措施体现为制定和完善绿色印刷标准，开展绿色印刷认证，实施"绿色环保印刷体系建设工程"，以中小学教科书、政府采购产品和食品药品包装为重点，积极协调环境保护、教育等有关行政部门开展多层次多方位合作，大力推进绿色印刷的实施。推动包装装潢印刷向减量化、重复使用、再循环和可降解（3R+1D）方向发展。指导"绿色环保印刷示范园区"建设，推动低耗能绿色印刷设备和材料的研发，完善低端落后产能淘汰退出机制。到"十二五"期末，基本建立我国的绿色印刷体系。

2011年10月8日，新闻出版总署与环境保护部联合发出《关于实施绿色印刷的公告》，明确了实施绿色印刷的指导思想、范围目标、组织管理、绿色印刷标准、绿色印刷认证、工作安排及配套保障措施等，对推进绿色印刷实施做出了全面部署。

2011年10月17日，国务院印发了《关于加强环境保护重点工作的意见》（国发〔2011〕35号），对新时期环境保护工作进行了部署。其中强调指出，"鼓励使用环境标志、环保认证和绿色印刷产品"。12月16日，国务院办公厅印发了《关于加强环境保护重点工作部门分工的通知》，确定了国家质检总局、工业和信息化部、财政部、环境保护部、新闻出版总署等部门分别承担相关工作。这是国家对绿色印刷工作的高度重视和肯定，为绿色印刷发展指明了方向，也是大力推进绿色印刷实施的重要依据。

2012年4月6日，新闻出版总署与教育部、环境保护部联合发出《关于中小学教科书实施绿色印刷的通知》（新出联〔2012〕11号），按照通知要求，从2012年秋季学期开始，全国将有近30%的中小学教科书实现绿色印刷，我国绿色印刷已进入具体实施阶段。

三、实施绿色印刷战略的重要意义

实施绿色印刷战略对落实中央的相关精神、对产业的发展、对企业的增效都有着重要意义。

（一）实施绿色印刷是落实中央可持续发展理念的需要

绿色印刷的宗旨是"环境友好"与"健康有益"两个核心内涵。围绕着这两个核心内涵展开一系列绿色行为，强调在顾及当代人的同时兼顾下一代人的生存发展。企业近期利益与国家长远利益相结合，环境效益与经济效益相接轨，以实现环保事业与市场经济的双赢为目标。

（二）实施绿色印刷是贯彻以人为本宗旨的需要

在绿色印刷的整个过程中，始终贯穿着"以人为本"的宗旨理念，在科学发展观的指导下，一切以"人"为出发点，一切为"人"服务，重点关注公众的健康与安全。印刷业有职工356万人，首先要关注他们的健康，关注他们的工作环境及每天接触到的各种材料；另外，印刷业是为各产业服务的"穿衣戴帽"的行业，如同衣食住行，与人民群众的日常生活紧密相连，我们每个人每天都要接触大量的印刷产品，特别是少年儿童接触的出版物，以及食品、药品的包装等。所以，实施绿色印刷是保护全体人民身体健康的大事情。

（三）实施绿色印刷是实现节能减排与低碳经济的需要

通过实施绿色印刷，可以极大程度的帮助与推动我国印刷业实现节能减排与低碳经济的目标，改善与提高我国印刷业的环境保护水平，有力的配合与支持我国政府在哥本哈根气候峰会向世界宣布的 2020 年将我国的碳排放总量降低至 2005 年 GDP 水平的 40% ~ 45% 的庄重承诺。

（四）实施绿色印刷是鼓励科技创新的需要

绿色印刷强调对印刷整个过程的评价与环境行为的控制，即在设计、制造、使用、废弃四个生命周期的过程中，不但强调设计和生产过程的控制，而且也对印刷产品在使用和废弃阶段提出明确的量化要求。通过实施绿色印刷可以极大程度地提高我国印刷业的科技水平，全面推动我国印刷业的结构调整与升级改造。扶大扶强优秀的大中型环保印刷企业，限制并淘汰污染严重的小作坊型的低质与劣质企业，从而加速我国印刷业由印刷大国向印刷强国转变的前进步伐。

（五）实施绿色印刷是优秀印刷企业自身利益的需要

印刷企业通过实施绿色印刷不但保护了环境、维护了员工与消费者的健康，同时也节约了资源、降低了成本、节省了费用、提高了品牌、扩大了收入。特别是以出口为主的印刷企业，绿色印刷已经成为获得海外客户订单的通行证。

（六）实施绿色印刷是调整印刷产业结构的需要

我国的印刷企业已经有 10 万余家，从业人员 356 万，年产值达 8677 亿元人民币，可以说是世界印刷大国。但是，我国的印刷企业无论大小，都在一条道路上拥挤着前行，优的显示不出优势，劣的也不会被淘汰出局。实施绿色印刷，要将部分产品指定给达标的企业，使部分优秀企业迅速做强；同时，对具有一定条件的企业，引导他们通过技术升级，达到合格的标准，跻身强企之列。而那些不能达标的企业，将通过不断扩大绿色印刷的品种被淘汰出局，最终实现印刷产业结构调整的目的。

第二篇 我国实施绿色印刷的规划

一、实施绿色印刷的范围

实施绿色印刷的范围包括印刷的生产设备、原辅材料、生产过程以及出版物、包装装潢及各类印刷品，涉及印刷产品生产全过程。

实施绿色印刷的生产设备涵盖使用平版印刷、凸版印刷、凹版印刷、孔版印刷、数字印刷、组合印刷等印刷工艺所涉及的印刷生产设备。

平版印刷工艺实施绿色印刷的范围为采用平版印刷方式的印刷过程和印刷产品。印刷方式为单张平版印刷和轮转平版印刷。印刷产品主要包括卡书、精装书、胶订书、礼盒、纸袋、贺卡、杂志、报纸等。

二、实施绿色印刷的条件

在我国，实施绿色印刷还是一个新鲜事物，

因此不但要借鉴发达国家的经验和做法，而且要结合我国的实际，制订符合我国国情的标准、检测方法，以及与之相配套的措施。

绿色印刷标准体系建设包含绿色印刷产品技术标准和绿色印刷企业标准的建设，这是推进和实施绿色印刷产业发展战略的基础。标准的建立重在实施，必须建立能够覆盖全行业的检测机构体系，对标准实施进行监督检测。检测是标准实施的重要手段，检测方法是标准实施的评价手段。为使检测结果科学、合理、公正，则必须建立认证制度。认证是标准推进的重要工具。通过认证寻求企业符合标准的证据，通过文件化的方式向外部表达企业符合标准的信息。认证机构在实施认证过程中必须依据标准，而在判定企业符合性时必须通过监测获得结果。

总之，标准是实施绿色印刷的重要依据和评价体系，认证是推动标准实施的重要工具，而检测方法是标准中对企业以及产品进行有效评价的根本。绿色印刷标准的建立和检测、认证制度建设是一个科学的完整体系，缺一不可，需统筹规划、合理组织。

（一）绿色印刷标准

绿色印刷标准体系的建设拥有丰富的含义，

也包含了多个方面的内容。印刷业的环保事业既包括印刷产品本身的环保性，也涵盖印刷企业作为加工制造企业应该承担的保护环境的社会责任。绿色印刷标准体系的建立既包括绿色印刷产品标准，也包含绿色印刷企业标准的建设。

绿色印刷产品标准在制定中，包含了印刷成品重金属的限量要求，对材料、辅料、加工工艺的要求，以及印前、印中、印后各环节中材料处理，废水（包括各种化学药水、洗车水）、废物（擦车布、PS 版）、废气的排放要求，成品回收等。印刷产品所用的材料应该能够尽可能减轻环境负担，采购材料时也要选择这样的材料，即使是在客户指定材料的情况下，印刷企业也必须提出建议使用对环境负荷较小的材料。为此，环境保护部于 2011 年 3 月 2 日颁布的我国首个绿色印刷产品标准——《环境标志产品技术要求 印刷 第一部分 平版印刷》明确提出，印刷产品质量除了应符合有关国家和行业标准以外，印刷产品的生产从原材料采购开始就必须达到具体的环保指标。除了原辅材料的控制，印刷产品生产过程中的工序是决定产品是否绿色的另一关键。绿色印刷产品标准将印刷过程分为印前、印中、印后加工三个主要工序，只有当印刷产品的原材料、生产工序等各个方面都达到一定的要求，才能符合环境对印刷产品设定的标准，才能称其为"绿色印刷产品"。

在制定绿色印刷产品标准的同时，要建立绿色印刷企业标准与认定制度。目的在于检验从事印刷业的企业是否关注环境保护并积极投身于环境减负，从而培养出更多的绿色印刷企业。绿色印刷企业，首先必须遵守现有的国家与行业相关的环境法规，比如遵守防止公害、节约能源与资源、化学品的管理和减少使用、控制并减少废弃物的产生等环境法规。而且，对于拥有绿色印刷资质的企业来说，仅满足于不超过现有的社会既定标准是不够的，还需要制定更加严格的自主标准；第二，绿色印刷企业应该努力降低环境负荷，制定具体的环保减负目标，如对能源、资源、废弃物、化学品、VOC、空气、噪声等环境因素设定具体减负目标，并围绕这一目标进行持续改善；第三，绿色印刷企业应当构筑企业环境管理体系，具有环境保护的对策机制，配备环境组织和体制、设定环境方针、实施环境保护活动，如建立绿色采购体系；第四，企业应当定时定期公开与环境有关的企业信息，制作环境报告书，这也是绿色印刷企业对社会应尽的责任；第五，绿色印刷企业在进行外部委托加工时也应对外包公司以要求使用绿色环保材料和加工工序为下单条件。这样一来，各印刷企业也将对其他相关企业产生影响，环保型企业的范围也将逐步扩大。

环境保护是一个持续改善的长期行为，当企业致力于从事减轻环境负荷的活动时，重点是明确企业根据什么方针来进行环境保护，并以此方针为依据设立环境组织与体制、构筑环境体系、决定职务责任和权限并持续有效地实施下去，而明确这一系列目标与措施的有效方式就是导入环境管理体系。建立环境管理体系是一个相对复杂的工程，目前国际上已有公认的环境管理体系ISO 14000 系列标准，在建立绿色印刷企业标准以及认定制度的过程中，ISO 14000 环境管理体系的系统组成、原则、程序以及审核方式也能够提供必要的借鉴与支持。

（二）绿色印刷认证

按照《印刷业"十二五"时期发展规划》的要求，"开展绿色环保印刷企业和印刷产品的认证，推进我国绿色环保印刷的发展。" 绿色印刷认证，是实施绿色印刷的重要途径。认证中对标准的要求是刚性的，不开展认证工作，绿色印刷标准就得不到执行，实施绿色印刷就成为一句空话，产业结构调整也就泡了汤。

绿色印刷认证对企业而言本着自愿、公开、公平、公正的原则进行。首先是企业自己提出申请，程序是对企业的资质进行核查，由专家对企业进行检查，对企业生产的产品进行检测，最后交由认证委员会讨论、确认。

　　开展绿色印刷认证，是国家实施绿色印刷的重要手段和路径，这也是国际上通行的做法。印刷企业取得绿色印刷认证，标志着企业在环境保护方面已经达到目前国家实施的环境标准规定的先进水平，是值得社会和政府信赖的印刷产品生产者。对于这些通过绿色印刷认证的企业，一方面政府将在采购印刷产品时，如中小学教科书、政府采购、票据票证等方面可以采取强制手段实施绿色印刷要求，强令这些产品必须在有绿色印刷认证资质的企业印制；另一方面，政府将在"绿色环保印刷体系建设工程"中对获得认证的企业给予支持。这对取得绿色印刷认证的企业来讲，是一个极好的发展机遇。同时，也体现了这些企业勇于承担社会责任，惠及当代，造福子孙后代的历史使命感。

　　（三）绿色印刷产品检测

　　随着我国绿色印刷标准及其绿色印刷产品认证工作的开展，完善绿色印刷产品监督检测方法和程序，健全检测机构职能成为推动绿色印刷工作的又一个重要方面。根据国际惯例，任何一项标准体系是否能够成功在行业或企业建立并实施，最终有赖于第三方检测机构的认定，这就要求第三方检测机构必须具有绝对的权威和公信力。目前我国有 10 万多家印刷企业，分布在全国各地，这一数量庞大的企业群体要建立起标准化的环保体系是一个巨大工程，需要与之相适应的检测机构的配合，这对于快速推动绿色印刷标准体系的全面建立将起到至关重要的作用。

三、实施绿色印刷的目标

通过在印刷行业实施绿色印刷战略，到"十二五"期末，基本建立绿色印刷环保体系，力争使绿色印刷企业数量占到我国印刷企业总数的 30%，印刷产品的环保指标达到国际先进水平，淘汰一批落后的印刷工艺、技术和产能，促进印刷行业实现节能减排，引导我国印刷产业加快转型和升级。

由于我国的印刷业涉及面广，基础设施相对比较落后，因此，在我国实施绿色印刷必定是一项长期的、细致的工作任务。新闻出版总署和环境保护部发布的《关于实施绿色印刷的公告》部署了"十二五"期间实施绿色印刷的工作进程，确立了我国"十二五"期间实施绿色印刷的阶段性目标。具体如下：

（一）2011年，启动试点阶段

标准先行，项目引领。各地要深入学习和宣传国家环境保护标准《环境标志产品技术要求 印刷 第一部分：平版印刷》，通过标准的学习和宣传，使广大从业人员了解掌握绿色印刷的基本要求。同时，加强当前对企业实施绿色印刷重点工程的扶持。新闻出版总署确定在2010年启动"数字印刷和印刷数字化"工程和"绿色环保印刷体系建设工程"，作为带动我国印刷产业战略转型升级的突破口，国家发改委于2010年10月对首次申报的"数字印刷和印刷数字化工程"、"绿色环保印刷体系建设工程"两大工程共计10个项目给予了5420万元的资金扶持。从2011年开始，加大此专项中对企业实施绿色印刷重点工程项目的支持力度，按照"印刷产业发展专项项目申报指南"的要求，做好今后一段时期内绿色印刷重点工程项目的申报、扶持工作。通过重点工程项目的引领，加快实施绿色印刷的步伐。

有条件的地区和企业要针对青少年儿童紧密接触的印刷品特别是在中小学教科书上率先进行绿色印刷试点；鼓励骨干印刷企业积极申请绿色印刷认证。

（二）2012～2013年，深化拓展阶段

陆续制定和发布相关绿色印刷标准，逐步在票据票证、食品药品包装等领域推广绿色印刷；建立绿色印刷示范企业，出台绿色印刷的相关扶持政策；基本实现中小学教科书绿色印刷全覆盖，加快推进绿色印刷政府采购。

逐步建立绿色印刷标准、认证以及检测体系，陆续出台票据印刷绿色标准、凹版印刷绿色标准，积极推动相关企业申请绿色印刷环境标志产品认证，尽快实现我国票据印刷领域的绿色全覆盖，同时加大力度推动凹版绿色印刷，首先在膨化食品包装印刷、软饮料包装印刷、药品包装印刷等领域推广执行凹版绿色印刷标准。

典型示范、典型引路、树立标杆。行业龙头企业是产业经济的重要支撑，也是行业转型升级的排头兵。选择一批行业龙头企业作为绿

色印刷示范企业，培育和壮大这些企业具有高度成长性的创新项目，努力实现对原有产业模式的替代，从而对整个行业的转型升级方式和方向提供指引与借鉴。通过打造一批绿色印刷示范企业，发挥典型示范的作用，率先研发、实践新技术与新成果，积累经验、发现问题，从而助推绿色印刷在更多企业中的普及。对建立的绿色印刷示范企业，在国家文化产业发展专项资金、产业政策、管理措施、评选奖励、进口设备等方面给予扶持和倾斜。

以中小学教科书、政府采购产品和食品药品包装为重点，大力推进绿色印刷工作。在中小学教科书方面，有步骤地实施绿色印刷。中小学教科书已经被列为政府采购产品，根据政府采购法，中小学教科书必须实行政府采购，今后必须由得到绿色认证的印刷企业进行加工生产，从而实现中小学教科书绿色印刷全覆盖。

（三）2014～2015年，全面推进阶段

完善绿色印刷标准；绿色印刷基本覆盖印刷产品类别，力争使绿色印刷企业数量占到我国印刷企业总数的30%；淘汰一批落后的印刷工艺、技术和产能，促进印刷行业实现节能减排，引导我国印刷产业加快转型和升级。

完成全部绿色印刷标准的制定、发布工作。

对印刷企业加大印刷环保工程建设的指导力度。在总结已成熟的印刷环保工程系统设计与研究的经验基础上，将印刷企业的节能减排技术进行系统集成，编制《绿色印刷指导手册》，有针对性地优化企业印刷环保工程系统的设计方案、应用规范，从而更好地加强分类指导，确保绿色印刷工作进度的完成。

在建设绿色印刷示范企业的基础上，全面有序地推进绿色印刷。通过印刷环保工程系统设计以及典型示范工作，促进绿色印刷有序推广。

到"十二五"期末，基本建立绿色印刷环保体系。

第三篇 实施绿色印刷对印刷企业和产品的要求

一、绿色印刷标准

按照印刷工艺印刷可分为平版印刷、凸版印刷、凹版印刷、孔版印刷、数字印刷、组合印刷等。在政府采购中涉及的各类文印、中小学教科书以及大量包装装潢纸质产品均采用平版印刷，因此，选择承印物为纸，生产过程环境行为易于分析的平版印刷作为第一个项目开展标准制定工作。国家环境标准《环境标志产品技术要求 印刷第一部分：平版印刷》已于 2011 年 3 月 2 日正式颁布实施。其后开展涉及食品包装、凹版印刷和组合印刷标准制定。后期标准制定如果环境行为、环境影响要求和标准指标类同则进行标准合并。这样环境标志产品技术要求标准名称与印刷行业现行的产品和技术标准名称相一致。

目前国内平版印刷方式主要包括单张平版印刷和轮转印刷。《环境标志产品技术要求 印刷 第一部分：平版印刷》囊括了所有平版印刷的所有产品。

二、实施绿色印刷对企业和产品的要求

（一）印刷原辅料的要求

邻苯二甲酸酯类的限制要求

邻苯二甲酸酯（phthalate esters， PEs）是一类脂溶性人工合成有机化合物，其中邻苯二甲酸二（2-乙基己基）酯（DEHP）、邻苯二甲酸二丁酯（DBP）、邻苯二甲酸丁基苄基酯（BBP）是碳含量在 8 以下的低分子量邻苯二甲酸的酯类化合物，对人体健康有不同程度的危害，是全球性的环境污染物。而其作为塑料、橡胶、涂料等多种化工产品的重要助剂广泛使用。

邻苯二甲酸酯在欧盟相关指令和标准、美国消费品法规等进行了管制，主要法规指令和标准包括：《BS EN 14372:2004》、2005/84/EC、《消费品安全改进法案 H.R. 4040》和 California AB1108。表 1 是国际上重要的法规指令的邻苯二甲酸酯限值比较对照表：

表 1　国际上重要的标准/指令的邻苯二甲酸酯限量值（质量分数）

标准	DBP	BBP	DEHP	DNOP	DINP	DIDP
BS EN 14372:2004	六种增塑剂总量应小于或等于 0.1%					
2005/84/EC	DBP+BBP+DEHP 的总量 ≤ 0.1%			DNOP+DINP+DIDP 的总量 ≤ 0.1%		
H.R. 4040	≤ 0.1%	≤ 0.1%	≤ 0.1%	≤ 0.1%	≤ 0.1%	≤ 0.1%
California （AB1108，2007）	≤ 0.1%	≤ 0.1%	≤ 0.1%	≤ 0.1%	≤ 0.1%	≤ 0.1%

考虑到印刷企业不直接使用邻苯二甲酸酯，属于被动接受方，因此不考虑企业进行原辅料中邻苯二甲酸酯含量控制，通过企业对原材料供应商的控制要求加以实现。根据对印刷所用主要原辅材料的分析，其中涉及邻苯二甲酸酯的材料包括油墨、上光油、橡皮布、胶粘剂。因此《环境标志产品技术要求 印刷 第一部分：平版印刷》对这四类材料提出限制要求。

纸张亮（白）度的要求

纸张亮度（白度）的降低可减少纸浆的漂白剂用量和漂白次数，减少增白剂等化学品的使用，也就是减少了污染物的排放。同时，纸张过白对人体健康也有不良影响。

国内现有的纸张亮（白）度要求主要涉及 3 个标准。

1.《印刷技术 网目调分色片、样张和印刷成品的加工过程控制 第 2 部分：胶印》

GB/T 17934.2-1999 的要求。亮（白）度的规定
见表 2。

表 2 典型纸张的亮（白）度要求

类别	亮（白）度，%
有光涂料纸，无机械木浆	85
亚光涂料纸，无机械木浆	83
光泽涂料卷筒纸	70
无涂料纸，白色	85
无涂料纸，微黄色	85

2.《中小学教科书用纸、印制质量要求和检
验方法》GB/T 18359-2001 的要求。亮（白）度
的规定见表 3。

表 3 中小学纸张的亮（白）度要求

类别	亮（白）度，%
A 等	78.0 ~ 85.0
B 等	72.0 ~ 80.0
C 等	70.0 ~ 75.0

3.《纸和纸板 亮度（白度）最高限量》
GB/T 24999-2010 的要求。亮（白）度的规定见
表 4。

表 4 纸和纸板的亮度（白度）要求

类别	亮（白）度，%
新闻纸	55.0
复印纸	95.0
胶版印刷纸	90.0

续表

类别	亮（白）度，%
胶印书刊纸	85.0
书写纸	
涂布纸和纸板	93.0
纸巾纸	90.0
厨房纸巾	
马桶垫纸	88.0
卫生纸	
擦手纸	
食品包装纸和纸板	85.0
喷墨打印纸	95.0
热敏纸	90.0

目前对于纸张亮（白）度的要求主要由造纸厂负责，而印刷企业仅提出需求。因此在标准选择方面，参考《纸和纸板 亮度（白度）最高限量》GB/T 24999-2010 的要求。由于目前中小学教科书有专门的标准进行控制，因此中小学教科书的标准依据《中小学教科书用纸、印制质量要求和检验方法》GB/T 18359-2001 的要求。由于亮（白）度的规定对于目前的印刷产品质量有较大影响，因此《环境标志产品技术要求 印刷 第一部分：平版印刷》不进行加严。

平版印刷油墨的要求

平版印刷（胶印）油墨属于印刷和印刷产品中重要环境污染源。油墨不但在印刷过程中污染环境，危害人身健康，在印刷产品上的有机残留物还会继续污染环境，而且这些有机残留物及所含有的铅、汞、砷、铬等有害物质还会继续危害印刷品使用者的身体健康。为此《环境标志产品技术要求 印刷 第一部分：平版印刷》要求所有印刷环境标志产品的油墨必须达到 HJ/T 370 的标准要求。

对于上光油的要求

上光油是一种无色透明漆，其作用有两个：①作为透明保护漆，其硬度和耐磨等性能比色漆好，起保护作用；②作为手感漆，其光度和亮度很好，摸起来手感很好。

目前市场上的上光油主要有以下三种：

1.UV 上光油：UV 上光油主要由齐聚物、活性稀释剂、光引发剂及其他助剂组成。

2. 水性上光油：水性上光油是 45% 的合成树脂和 55% 的水两部分组成。

3. 溶剂型上光油：含 50% 的溶剂、甲苯、乙酯、丁酯。

溶剂型上光油属于危险品，在生产、使用过程受到极大限制，因部分溶剂为甲苯、乙苯等苯类溶剂，其中大量的溶剂挥发对环境造成极大危害，因此《环境标志产品技术要求 印刷 第一部分：

平版印刷》禁止在环境标志印刷品使用溶剂型上光油。

喷粉的要求

喷粉是目前现代高速多色胶印工艺中必不可少的工序。其主要作用是防止印刷品背面粘脏，提高印刷质量和效率。喷粉以矿物粉和植物粉为原料，经现代科学精炼而成，粉粒呈球状、晶莹透明、表面光洁（粒度 10 ～ 25μm）。微粒子表面特殊处理，优良的分散性和流动性，防止反印，不硬化，无堵塞，既充分发挥防粘脏，防静电作用，亦毫不影响印刷效果和胶片的透明度，更兼具卓越的抗水性，不随温度和湿度而发生板结成块现象；改善油墨的四项主要技术指标（干燥性能、转移性能、干燥速度、印后适性）为前提，来提高印刷品质量，确保印后工艺顺利进行。由于植物型喷粉对接触人员没有危害，也不带来环境问题，《环境标志产品技术要求 印刷 第一部分：平版印刷》要求只能使用植物型喷粉。

润湿液的要求

传统的润湿液为含醇类产品，目前所用的醇类一般为甲醇、乙醇、异丙醇、丙醇、丁醇、异戊醇等。

甲醇被大众所熟知，是因为其毒性，甲醇摄入量超过 4 克就会出现中毒反应，误服一小杯超过 10 克就能造成双目失明，饮入量大造成死亡，致死量为 30 毫升以上。甲醇在体内不易排出，会发生蓄积，在体内氧化生成甲醛和甲酸也都有毒性。《环境标志产品技术要求 印刷 第一部分：平版印刷》禁止使用甲醇作为润湿液。

覆膜胶黏剂的要求

覆膜胶是印刷产品在进行纸塑复合所需要使用的胶水。通过纸塑复合技术可以提高产品的保存时间。目前国内主要使用两大类胶水：溶剂型胶水和水性胶水。其中溶剂型胶水主要使用苯类溶剂，毒性大危害性强，因此《环境标志产品技术要求 印刷 第一部分：平版印刷》禁止在覆膜中使用溶剂型覆膜胶。

（二）印刷产品限制要求

可溶性元素的要求

《环境标志产品技术要求 印刷 第一部分：平版印刷》根据平版印刷品的特点和涉及的产品，参考 GB6675 对印刷品中八种可溶性元素 Sb、As、Ba、Pb、Cd、Cr^{3+}、Hg 和 Se 提出限制要求。表 5 为国内外标准的可溶性元素限值比较对照表：

表 5　关于可溶性元素的国内外标准限量值比较

标准		锑 Sb	砷 As	钡 Ba	铅 Pb	镉 Cd	三价铬 Cr^{3+}	汞（无机）Hg	硒 Se
EN71-3		60	25	1000	90	75	60	60	500
BS EN 14372:2004		15	10	100	25	20	10	10	100
ASTM F 963		60	25	1000	90	75	60	60	500
Canada Hazardous Products Act，R.S.C.H-3		1000	1000	1000	—	1000	—	—	1000
GB 6675-2003		60	25	1000	90	75	60	60	500
ISO 8124-3:1997		60	25	1000	90	75	60	60	500
QSOP 0006-3600 RevO	表面涂层	60	25	500	90	75	60	—	300
	小件金属	60	25	500	90	75	60	60	300
	塑料及其它材料	60	25	500	90	75	60	60	300
环境标志产品技术要求印刷第一部分平版印刷		60	25	500	90	75	60	60	500

　　由于此项要求是根据儿童的特点制定，其指标可以保证使用者的安全。因此指标实施具有一定的先进性。对于所有印刷品要求进行元素控制在我国属于首次提出，考虑到目前企业还处于摸索阶段，因此此次标准指标不做加严处理。

挥发性物质要求

　　印刷成品的味道和对人体健康的影响一直属于人们的关注焦点，其中，主要影响因素来源于一些具有刺激性气味的化合物。这些化合物主要来源于：油墨、覆膜胶、上光油等印刷过程所使用的化学品。由于部分化合物属于有毒有害物质，如苯、乙醇、异丙醇、丙酮、丁酮、乙酸乙酯、乙酸异丙酯、正丁醇、丙二醇甲醚、乙酸正丙酯、4-甲基-2-戊酮、甲苯、乙酸正丁酯、乙苯、二甲苯、环己酮等。因此有必要对此进行控制。

印刷品的挥发性有机化合物的限制要求目前国外仅在玩具产品中进行了规定，根据调研发现，其中所规定的测试方法较为复杂，而且其针对简单产品进行检测，因此不适于在装订书籍和精装书籍进行测试。而印刷品尤其是书籍的挥发性有机化合物限制要求的标准国际和我国均未制定，目前可借鉴的标准是《卷烟条与盒包装纸中挥发性有机化合物的限量》（YC 263-2008），该标准范围是盒装卷烟包装成条的专用纸和卷烟包装成盒的专用纸，此类产品属于平版印刷品中的包装装潢类产品，因此该标准可以借鉴用于制定平版印刷产品的挥发性有机化合物的限制要求。后期在标准进行深入研究后再对方法进行修改。

该标准对挥发性有机化合物的限制如表6所示：

表6　YC 263-2008 中限制要求

项目	单位	限值
苯	mg/m²	≤ 0.01
乙醇	mg/m²	≤ 50.0
异丙醇	mg/m²	≤ 5.0
丙酮	mg/m²	≤ 1.0

续表

项目	单位	限值
丁酮	mg/m²	≤ 0.5
乙酸乙酯	mg/m²	≤ 10.0
乙酸异丙酯	mg/m²	≤ 5.0
正丁醇	mg/m²	≤ 2.5
丙二醇甲醚	mg/m²	≤ 60.0
乙酸正丙酯	mg/m²	≤ 50.0
4-甲基-2-戊酮	mg/m²	≤ 1.0
甲苯	mg/m²	≤ 0.5
乙酸正丁酯	mg/m²	≤ 5.0
乙苯	mg/m²	≤ 0.25
二甲苯	mg/m²	≤ 0.25
环己酮	mg/m²	≤ 1.0

根据该标准确定的测试方法《卷烟条与盒包装纸中挥发性有机化合物的测定顶空-气相色谱法》（YC/T 207-2006）对于现在所收集的样品进行了测试，合格率60%，限值具有先进性。

（三）印刷用原辅料的环境行为评价要求

纸张的要求

1. 可持续森林认证要求。

20世纪80年代，全球的森林问题日益突出，特别是热带国家木材的大量输出，造成当地森林面积锐减，森林退化加剧，环境恶化严重。这引起了欧洲一些环境保护的非政府组织的关注。为了消除热带国家的森林危机，欧洲及北美掀起了限制进口热带木材运动，使热带国家的木材无法出口到消费国。通过这场运动，使消费国的消费者普遍形成了热带国家的木材质量劣于非热带国家木材质量的观念。但是到了 90 年代，这种观念遭到了北方木材生产国（主要是北欧及北美国家）的非政府组织的强烈反对，他们认为本国的森林经营也并非全是可持续性经营的，长此以往下去，必然会极大损害本国的森林资源，破坏当地的生态环境。同时热带国家的森林并非是完全不符合可持续经营的标准，并且也有木材出口的需求。因此，消费国的一些非政府组织又发起一场运动，试图使消费者改变以往的观念，即无论木材产地在哪里，只要它们来源于一片可持续经营的森林，那么它们就可以被接受和利用。反之，就应该被禁止使用。这样就需要有一套被大家广泛认同的方法和标准，使消费者可以知道并追溯到木材的来源，由此就产生了森林认证。

森林认证分为两类，即森林经营认证（Forest Management Certification，FMC）和产销监管链认证（Chain of Custody，CoC）。森林经营认证是对森林经营单位进行的认证，是由独立的认证机构根据认证原则和标准（包括森林调查、经营规划、营林、采伐、森林基础设施以及有关的环境、经济和社会方面）对森林经营单位进行审核，如果其森林经营活动满足认证标准要求，便可以颁发证书并允许其使用认证标志，证明其生产的木材来自于可持续经营的森林或良好经营的森林。简单地说，森林经营认证是对森林的认证。

产销监管链认证（CoC）则是对加工和销售林产品的商贸机构进行认证，是跟踪林产品加工的原料来源及产品的存贮，运输和销售的整个过程，即从森林到消费者的整个过程。林产品认证的整个过程，即从森林到最终消费者，通过 CoC 认证的产品可以贴上认证标志，告诉消费者生产该产品所使用的是来自通过认证森林的木材。简单地说，产销监管链认证是对森林产品的认证，确保所有认证的产品，其主要原料均直接或间接来自经营良好的森林，也就是获得森林经营认证的森林。

为了保证森林资源的有效和可持续使用，《环境标志产品技术要求 印刷 第一部分：平版印刷》鼓励印刷企业采购可持续森林认证的纸张用于印刷。

2. 再生纸的要求。

由于中国造纸纤维资源相对缺乏，供给能力已不能满足产能扩张需要，纤维原料成为制约中国纸业发展的瓶颈。中国造纸原料属三足鼎立态势，据中国造纸协会测算，目前木浆使用量比重占原料总量的 23%，非木浆比重占 15%，废纸浆比重占 62%。近年来木浆与废纸浆比重不断增加，非木浆原料所占比重不断下降。仅在 2009 年，木浆比重比上年提高了 1%，废纸浆比重提高了 2%，而非木浆原料所占比重下降了 3%。

中国木浆造纸年消耗木材约 1000 万立方米。现在，地球上平均每年有 4000 平方公里的森林消失。森林可以为人类提供氧气、吸收二氧化碳、防止气候变化、涵养水源、防风固沙、维持生态平衡等。保护森林，减少开采量，就需要削减木材的需求量。再生纸是以废纸为原料，将其打碎、去色制浆后再经过多种复杂工序加工生产出来纸张。其原料一部分来源于回收的废纸，同时加入一些原生浆以提高纸制品的强度。回收 1 吨废纸能生产 800 千克再生纸浆，相当于少砍 17 棵大树，节约造纸能耗 9.6 吨标煤，减少 35% 的水污染。废纸造纸作为循环经济的典范代表，得到了中国政府的支持。国家发改委、科技部先后对国产废纸回收利用给予政策上支持。江苏省纸联再生资源有限公司作为代表，在国家发改委支持下，已建设十多个废纸回收工厂，此外，很多大企业也都建立了自己的废纸回收系统。这些回收系统起到了两个作用，一是使用专业设备提高了回收废纸的质量，二是将以往分散到其他中小企业的废纸资源集中到大企业手中，使资源得到再分配。根据造纸业"十二五"规划草案，即将发布的规划中也很有可能推出对再生纸生产企业的扶持政策。而在国外，环保组织也关注与再生纸的推广，在 FSC-RECYCLED 要求中对于纸原料至少 85% 使用消费后回收材料，最多 15% 可使用造纸企业边角废料。

为了保证森林资源的有效和可持续使用，《环境标志产品技术要求 印刷 第一部分：平版印刷》鼓励印刷企业采购再生纸张用于印刷。

3.本色纸张的要求。

本色纸指整个生产过程不使用任何化学漂染剂的纸。这类纸由于不使用荧光增白剂，白度在 70 ~ 74 度，可保护视力，因此在教科书及学生作业本中已有较多应用。也由此扭转了人们对纸张"越白越好"的看法。另外，本色纸张中部分产品的纸浆为非木浆，对于木材资源的保护有较大的支撑作用，而生产过程不使用漂染试剂（特别是氯气），大大降低了环境负荷。因此《环境标志产品技术要求 印刷 第一部分：平版印刷》

鼓励企业使用本色纸张。

润湿液的要求

在胶印机上广泛使用的润湿液有酒精润湿液和非离子表面活性剂润湿液。

使用酒精润湿液，可以印刷出高质量的精细胶印产品，其酒精浓度的最佳范围为8%～25%。但是酒精的挥发速度较快，如果不加控制，就会使润湿液因酒精浓度的降低而使表面张力上升，润湿性减弱，所以必须及时补充消耗掉的酒精，同时，为了减少酒精的挥发，应尽量把润湿液的温度控制在10℃以下（最好是4～9℃）。

非离子表面活性剂润湿液目前主要是市场上销售的各类润湿粉剂。使用时，只要把粉末状的润湿剂，用一定量的水溶解，就可以加入水斗中用于印刷。非离子表面活性剂润湿液，比酒精润湿液的成本低、无毒性、不挥发、不需要在胶印机上配置专用的润湿系统，传统的摆动式传水装置就可使用。但使用非离子表面活性剂润湿液，一定要严格控制印版的水量，在不引起脏版的情况下，尽量减少润湿液的供给量。

降低润湿液中醇类的使用是各国环境保护工作的重要攻关课题，在日本环境标志标准中也明确提出了降低醇类使用量的要求，参考日本环境标志标准，我们规定了润湿液中醇类添加量小于

5%的限制要求。目前，酒精润湿液的替代方案已经成熟，因此我们也提倡使用无醇润湿液。

橡皮布的要求

橡皮布是平版印刷重要的原辅材料，油墨通过橡皮布由印版转印到纸张，因此所有平版印刷均需要使用橡皮布，但是橡皮布在使用过程中由于高速运转会有磨损，磨损后即需要更换。由于部分企业不太注重资源的回收利用，经常出现整块丢弃的现象。因此标准中规定大幅面印刷机换下的橡皮布可在单色机上或小幅面机上使用。

表面处理要求

目前，对于印刷品的表面处理一般分为两大类：覆膜或者上光，两种方式在书籍、包装装潢产品的印后中大量使用。而最终影响产品的 VOC 也主要来源于此。上光中使用紫外上光和水性上光与传统的溶剂型上光相比污染物排放小；因此《环境标志产品技术要求 印刷 第一部分：平版印刷》支持使用。覆膜分为即涂膜和预涂膜。其中即涂膜分为溶剂型即涂膜和水性即涂膜，溶剂型即涂膜本标准已经禁止，水性即涂膜无挥发性有机化合物的产生，因此本标准支持使用水性即涂膜；预涂膜由于在印后过程无挥发性有机化合物的排放，更具有环保性，因此本标准支持使用预涂膜。

使用专用抹布清洗橡皮布（不使用清洗液）

胶印机自动洗橡皮布装置专用的擦布是由细密纤维（PET45％）和纸浆（55％）构成的一种卷筒式无纺布。其中含有清洗剂成分，清洗橡皮布时无须使用清洗剂，避免清洗剂中的 VOC 排放和原来使用后废弃物（危废）的排放。

使用免处理的 CTP 印版（取消显影过程）

平版印刷用免处理 CTP 版材是指版材在直接制版设备上曝光成像后，不需任何后续处理工序，如化学显影和定影，即可上机印刷，并且不产生任何形式的液体或固体废料。但有些 CTP 版材曝光成像后，虽然不需化学显影处理，而需要个别的非化学处理工序。

免去了版材显影、定影、清洗化学药品处理，杜绝了烧蚀废屑、显影、定影、清洗废液（危废）的排放。

使用聚氨酯（PUR）型热熔胶

使用（PUR）型热熔胶，从环保的要求上有两方面的优势：

A 节能：

1. 用量少，装订同样数量的书刊，使用的 PUR 胶水的量只是 EVA 的 1/3 用量。

2. 使用 EVA 胶的温度为 170℃，使用 PUR 胶的温度为 120℃，在两者加热上胶装置上的功率分别为 25.5kW 和 7kW，所以采用 PUR 更节能。

B 减放：

PUR 胶水在使用过程中几乎无任何气味，而采用 EVA，生产过程中会有大量烟雾跑到生产环境中，比较刺鼻，在两者对比 PUR 胶水更具有减少气体（VOC）排放的优势。

（四）对平版印刷产品生产过程中环境保护的要求

《环境标志产品技术要求 印刷 第一部分：平版印刷》对印前、单张纸和卷筒纸平印以及印后加工各工序环境保护所涉及的资源节约、节能和回收再利用提出要求，这些指标是通过标准编写组深入企业调研和有关参编企业实际核算制定出的。其中涉及电耗、水耗、印刷纸张利用率、废弃物产生和回收率等。这些指标涉及各工序的生产工艺过程和使用的原辅材料及其消耗、废弃物回收、危废处理等项目，通过这些控制指标来考核企业贯彻节能减排的情况。

三、标准实施的环境效益

标准实施后，将对我国印刷业产生重大影响，可以极大程度地帮助推动我国印刷业实现节能减排与发展低碳经济的目标，改善并提高我国印刷业的环境保护水平。

由于众多印刷企业沿用传统印刷工艺，在有些生产环节仍存在一些对人体有毒有害及造成空气污染的溶剂挥发、破坏水质及污染土壤的废水排放等造成的环境问题。通过环境标志标准的推动可以在以下方面起到较大作用。

1. 减少高污染油墨的使用。

2. 减少含有异丙醇类的润版液使用。

润版液是保证印版空白部分形成亲水盐层的必要条件，目前胶印机上采用的是异丙醇润版系统。由于异丙醇挥发后产生的醇蒸汽有毒，会对人体健康造成有害的影响，许多发达国家规定异丙醇在工作场地的阈值仅为 $200 \sim 400ml/m^3$。通过本标准的实施可减少异丙醇的使用，最终在印刷业实现完全替代。

而目前全国各类印刷企业每年润版液消耗量约为 16 万吨，总产值达 50 亿元。使用无酒精润版液 CS-T18 可以节约 160 万吨的酒精用量，按通常生产 1 吨乙醇要耗用 3.2 ~ 3.5 吨粮食计算，可以节约粮食 480 多万吨，缓解与人争粮问题，以及减少制造过程中多环节的污染排放。每年可减排二氧化碳约 6700 万吨（生产 1 吨酒精约产生 42 吨二氧化碳），减排工业污水，相当于 3000 万城市人口产生的生活污水，减少多环节治污费用 50 亿元。

3. 推动 CTP 系统的应用。

目前我国印刷业制版多半还是通过照排机出胶片制成 PS 版来上机印刷。胶片是银盐感光材料，里面含有银离子，而定影后的废定影液里也含有大量的银离子，这些物质直接进入环境中，对水体环境造成危害，而显影、定影冲洗废液含有大量有机物，属于危险废弃物，国家禁止直接排放，而在国内企业的环境管理方面存在一定的缺陷，部分企业不够重视，通过环境标志逐步强化环境管理，实现企业环境进步。

采用 CTP 直接制版，减少了利用胶片制版（PS版）中间环节。如果全国 10 万多家印刷厂全部使用 CTP 制版，全年能节约至少 540 万吨水资源。可解决干旱区约 440 万人口全年饮水问题。每年可降低至少 360 万吨二氧化碳排放。若使用免处理 CTP 印版，每年至少节约 1260 万吨水。至少降低 810 万吨二氧化碳排放。每年节约制版胶片和化学药剂消耗费用达 10 亿多元。

第四篇 中国环境标志计划及认证程序

一、中国环境标志计划

（一）环境标志产生的背景

当今，全球环境日益恶化，人类未来的生存和发展受到严重威胁，温室效应、臭氧层破坏、酸雨等重大环境问题日益引起社会各界的广泛重视。随着公众环境意识的提高和环境保护工作的深入开展，绿色消费已成为时代发展的最新潮流。

所谓绿色消费，意指在社会消费中不仅要满足当代人的需求，还要满足后代人的需求。不能只追求产品的使用价值而不顾及产品的环境行为；不能只追求本企业的经济效益，而忽视了外部经济性；不能只追求眼前效益，而破坏了长远的资源利用和生态平衡。

环境产品，则是在绿色消费的需求下诞生的。对环保产品的考察，要求在产品设计、生产、使用、废弃的全过程注重环境行为。这样一个全新的环境行为考察目标，是公众参与绿色消费的最好桥梁，因为千百年来，人们购买商品，只考虑使用价值，把一些有使用价值但环境行为不佳的产品保留下来，导致我们的地球变成今天的模样。在绿色消费意识指导下，人们不仅购买使用价值，还要购买环境行为，把个人的消费和身心健康、居室环境质量、区域生态环境、全球环境问题都联系起来。绿色消费和环保产品把环境保护拉到人群之中。

制造商敏锐地抓住了这一商机，纷纷在自己的产品上标出"无磷"、"可生物降解"、"保护臭氧层"、"绿色产品"等字样，企业对外宣称"绿色公司"、"环保先锋"，一时间，从彩电、冰箱、空调、洗衣机到洗衣粉、涂料等，均有大量"环保"产品上市。但对消费者来说，想要在各种产品与环境的复杂关系中作出有利于环境的选择几乎是不可能的。消费者日益增长的环境意识使许多生产者和零售商通过绿色广告的形式努力使自己的产品在市场上占优势，打败竞争者。这种绿色广告的形式是企业通过使产品向环境友善方面转化以满足消费者购买"环保"产品的愿望。但是事实上并不是所有的绿色广告都准确，使用得体，一些广告很显然只为了抓住消费者的心理。即使所有的广告都可以用合理的科学依据加以检验，但仍会使消费者在各种环境问题上产生混乱，有时还会有很含糊的广告。当消费者置身于生产者自己所作的各种宣传中时，往往会习惯地失去自己的信念，而"放弃"挑选环保产品的努力。这种情况削弱了刺激企业对有利于环境的产品和生产过程进行投资，因为企业即使生产对环境有利的产品，在市场竞争中也不能占优势。

这一矛盾迫切需要具有高度权威和可信度的第三方签署证明，使绿色消费、环保产品规范化，帮助消费者识别什么产品对环境更有利，使生产真正环保产品的生产者受益。

为保护和扶持消费者的这种购买积极性，帮助消费者识别真正的环保产品，一些国家政府机构或民间团体先后组织实施了环境标志计划，引导市场向着有益于环境的方向发展。

（二）环境标志的概念

中国环境标志图形由中心的青山、绿水、太阳及周围的十个环组成。图形的中心结构表示人类赖以生存的环境，外围的十个环紧密结合，环环紧扣，表示公众参与，共同保护环境；同时十个环的"环"字与环境的"环"同字，其寓意为"全民联系起来，共同保护人类赖以生存的环境"。

环境标志是一种标在产品或其包装上的标签，是产品"证明性商标"，它表明该产品不仅质量合格，而且在生产、使用和处理处置过程中符合特定的环境保护要求，与同类产品相比，具有低毒少害、节约资源等环境优势。

实施环境标志认证，实质上是对产品从设计、生产、使用到废弃处理处置全过程（也称"从摇篮到坟墓"）的环境行为进行控制。即设计时，考虑资源与能源的保护与利用；生产中采用无废少废技术和清洁生产工艺使用过程，使用时要有益于公众健康，而不是有损于公众健康，直至废弃阶段，应考虑产品的易于回收和处置。它重视资源的回收利用和产品的环境性能，不但要求尽可能地把污染消除在生产阶段，而且也最大限度地减少产品在使用和处理处置过程中对环境的危害程度。它由国家指定的机构依据环境标志产品标准及有关规定，对产品的环境性能及生产过程进行确认，并以标志图形的形式告知消费者哪些产品符合环境保护要求，对生态环境更为有利。

发放环境标志的最终目的是保护环境，它通过两个具体步骤得以实现：一是通过环境标志向消费者传递一个信息，告诉消费者哪些产品有益于环境，并引导消费者购买、使用这类产品；二是通过消费者的选择和市场竞争，引导企业自觉调整产品结构，采用清洁生产工艺使企业环保行为遵守法律、法规、生产对环境有益的产品。

（三）环境标志的作用

1.倡导可持续消费，引领绿色潮流。

近年来，人类赖以生存的地球受到日益严重的破坏，环境问题引发的病症越来越多，人类健康的保障系数越来越小。为维护自身生命安全，人们非常强烈地渴望绿色环境的复苏。这直接导致了消费观念的变化，由此，绿色消费逐渐成为当今消费领域的主潮流。

在瑞典，最近对第二大零售店中消费者进行民意测验，结果表明，85%的消费者愿意为环境清洁而支付较高的价格；在加拿大，80%的消费者宁愿多会出10%的钱购买对环境有益的产品；另外40%的欧洲人喜欢购买带环境标志的产品而不是传统的产品。

在日本，批发商们发现，他们的顾客多数愿意挑选和购买贴有环境标志的产品。

在英国，1988年9月出版的《绿色消费指南》，在9个月内居于最畅销售书的首位，出售了30万册以上。

在德国，环境数据服务公司（ENDS）最近完成一项名为《生态标志，在绿色欧洲的产品管理》的研究，该报告涉及再生纸、涂料、喷雾剂工业。报告认为，环境标志培养了消费者的环境意识，强化了消费者对有利于环境产品的选择。

美国著名的盖洛普民意测验发现，目前，绝大多数人认为环境保护比经济增长更具战略意义。

在我国，据某调查公司最近对广洲地区地调查显示，在被调查的23085人中81.7%完全愿意为购买有益于环境尤其是居室环境和饮食环境的产品而支付更多的钱，15.5%比较愿意在经济条件许可的范围内购买环境标志产品，只有2.8%表示无所谓。

消费者是市场的"上帝"，消费者的购买倾向直接影响着产品的发展方向。

最新资料表明：德国环境标志产品已发展到4000多种，占其全国商品的30%，日本标志产品有2500多种，加拿大标志产品已发展到800多种，正是由于公众环保意识的提高而逐步影响着制造商和经销商的经营思想，推动了市场和产品向着有益于环境的方向发展。

在日本，55%的制造商表示他们申请环境标志的理由是环境标志有利于提高他们产品的知名度，30%的制造商认为获得环境标志的产品比没有贴环境标志的产品更易销售，73%的制造商和批发商愿意开发、生产和销售环境标志产品。

美国环境保护局（EPA）于1992年发起"能源之星"计划凡是与计算机相关的产品，在非使用状态（休眠状态），耗电低于3瓦，而且易回收、低噪声、耐辐射，达到这一条件便可获得环保局颁发的（能源之星）标志。美国环保局要求，所有参加"能源之星"计划的厂商要保证它们生产的台式PC机和激光打印机的能耗降低50%～70%，到1993年5月，全世界就有53家个人电脑制造商和环保局签订了协议，这些厂商在PC机市场占60%，还有12家打印机制造商和环保局签约。据美国环保局推测，推行"能源之星"计划可为纳税人节省20亿美元的政府电力开支，经济效益显著。

40%的欧洲人已对传统产品不感兴趣。而是倾向购买环境标志产品；日本37%的批发商发现他们的顾客只挑选和购买环境标志产品。德国推出的一种不含汞、镉等有害物质的电池，在获得蓝色天使（德国标志）之后，贸易额从10%迅速上升到15%，出口英国不久就占据了英国超级市场同类产品10%的营业额。

2.跨越贸易壁垒，促进国际贸易发展。

从国际贸易竞争来看，当前，在保护环境和人类健康的旗帜下，国际经济贸易中的"环境壁垒"更加森严，发展中国家商品进入国际市场的形势日趋严峻。以服装行业为例，以欧盟为代表的一些发达国家通过制定各种环保生态标签制度，保证那些采用环保生态标签的纺织品已经检验且不含有害物质，并在标签上做明显的标志。出口到欧盟成员国的服装和纺织品，如果超出法律规定或买家的环保 - 生态要求，就会被禁止进口或被出口商拒收货品。不久前，中国苏南一家服装厂出口到欧盟的服装因拉链用材"含铅过高"被买家退货，白白损失 10 多万美元，最终导致企业破产。

从当前我国经济形势来看，中国加入 WTO 后国外产品将大量进入中国市场，竞争将更加激烈，企业的生存环境随之大为改变。目前，我国大部分企业眼睛盯着脚尖，不注重开发新产品，而是大打价格战，在竞争中靠价格取胜。这些企业在目前的状况下还可以生存——把生产、销售以及竞争都局限于国内、省内甚至地区内，而入世后，这个圈子必将被打破。企业的生存环境对企业的影响虽不是立竿见影，但潜移默化不可忽略，新时代的到来，谁又能主沉浮？答案无疑是企业主动适应入世后环境的变化。

入世后，由于人们获得新产品、新信息、新观念的渠道大大增加，随着眼界的开阔，消费者的要求也会越来越高。因此，聪明的企业会更加关心消费者的要求，这一点在现在已是一些企业竞争取胜的关键。入世后，这方面的挑战会更加明显，各种产品若想在国内市场站稳脚跟或打入国际市场，就必须让自己的"出生证"得到更广泛的认同。绿色消费是当代世界消费领域的主潮流，环境标志产品已越来越受到人们的重视与喜爱，它应是企业的必然选择。

无论是从国际贸易还是从中国企业将要面临的形势来看，企业若要在未来的竞争中求生存、求发展，就必须要早日通过环境标志产品认证。

3. 经济发展规律启示企业选择环境标志。

中国当前实行的是社会主义市场经济体制。所谓社会主义市场经济是在国家宏观调控下，以市场为基础进行资源配置的一种经济形态。在这种经济形态下，无论是何种类型的企业在市场竞争面前都机遇均等。

随着市场经济的成熟，一些在市场竞争中逐步成长起来的大中型企业必将成为自己所属行业的领头雁，而竞争意识薄弱、缺乏战略眼光的企业终会被市场淘汰出局。

绿色消费已成为当代社会的新时尚，在这种条件下，企业只有抓住机遇，生产有利于环境的环保产品，才能为企业的长远发展奠定坚实的基础。

二、中国环境标志产品认证程序

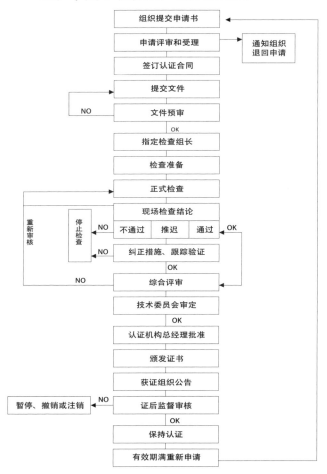

三、对申请认证企业的要求

符合下列要求的申请者均可申请认证：

1. 具有明确法律地位；

2. 遵守国家法律法规和其他要求；

3. 产品在环境标志产品认证范围内，能够符合相应的环境标志产品技术要求（表-7）；

4. 按《环境标志产品保障措施指南》的要求建立并实施环境标志产品保障措施。

表7　申请认证企业需要提供材料清单

申请认证企业需要提供以下材料	
1	生产企业废水、废气、噪声监测报告 注：监测报告必须由通过计量认证环境监测部门出具，报告时间为申请认证前一年之内； 废水至少监测 pH、COD、BOD、SS、石油类等常规性指标，洗涤剂类则加测 LAS 一项指标，水性涂料类加测色度一项指标，有磷化工艺的冰箱等生产企业加测 PO₄³⁻ 一项指标； 锅炉废气至少监测 SO₂、烟尘、林格曼黑度三项指标； 噪声则不少于厂界东、西、南、北四个测点； 境外企业需出具 ISO 14001 认证证书或 EMAS 认证证书、环境标志认证证书（如无，则需提供当地环保部门出具的守法证明或承诺书）。
2	环境影响评价报告、"三同时"验收报告
3	环境标志产品保障措施指南要素与企业管理文件对应表
4	企业法人营业执照副本复印件 注：请提供与申请书填写的企业名称、法人相符的营业执照；申请认证产品在营业执照规定范围之内；通过工商当年的年检。
5	产品商标注册证明复印件 注：商标注册类别应与申请认证产品一致；若注册人名称与申请企业名称不符，请提供注册人同意申请人使用该商标的说明性文件；若商标尚处于受理、公告阶段，请提供商标局受理证明，并出具承担商标责任的承诺书。
6	产品执行的质量、安全、卫生标准 注：执行国标可不必提供；企业标准必须经过当地技术监督局备案。
7	产品质量／安全／卫生检验报告 注：请提供经国家或省级技术监督部门认可且通过计量认证产品检验机构出具的一年内合格的产品质量／安全／卫生检验报告；报告内容及检测指标应与产品执行的标准相符，并合格；强制性认证产品应提供 3C 证书；国家免检产品可不提供质量检测报告，提供免检证书。
8	申请认证产品生产工艺流程 注：简图即可，请注明过程中的关键工序和特殊工序，工艺相近只需提供一份。
9	企业组织结构图
10	厂区平面图（简图）
11	生产许可证 注：在《工业产品生产许可证发证产品目录》中规定的行业提交生产许可证。
12	组织机构代码证副本复印件

附　录

中华人民共和国国家环境保护标准

HJ 2503-2011

环境标志产品技术要求 印刷

第一部分：平版印刷

Technical requirement for environmental labeling products

Printing,Part 1: Planographic printing

2011-03-02 批准 　　　　　 2011-03-02 实施

环 境 保 护 部 发布

目　次

前　言 II

1 适用范围 1

2 规范性引用文件 1

3 术语和定义 2

4 基本要求 2

5 技术内容 3

6 检验方法 8

绿色印刷手册

前　言

为贯彻《中华人民共和国环境保护法》，减少平版印刷对环境和人体健康的影响，改善环境质量，有效利用和节约资源，制定本标准。

本标准对平版印刷原辅材料和印刷过程的环境控制、印刷产品的有害物限值做出了规定。

本标准为首次发布。

本标准适用于中国环境标志产品认证。

本标准由环境保护部科技标准司组织制定。

本标准主要起草单位：中日友好环境保护中心、中国印刷技术协会、北京绿色事业文化发展中心、鹤山雅图仕印刷有限公司、中华商务联合印刷（广东）有限公司、东莞隽思印刷有限公司、上海烟草包装印刷有限公司、艾派集团（中国）有限公司、天津东洋油墨有限公司、北京康德新复合材料股份有限公司、金东纸业（江苏）股份有限公司、富士胶片（中国）投资有限公司、珠海市洁星洗涤科技有限公司。

本标准环境保护部 2011 年 3 月 2 日批准。

本标准自 2011 年 3 月 2 日起实施。

本标准由环境保护部解释。

环境标志产品技术要求 印刷
第一部分：平版印刷

1 适用范围

本标准规定了环境标志产品平版印刷的术语和定义、基本要求、技术内容和检验方法。

本标准适用于采用平版印刷方式的印刷过程及其产品。

2 规范性引用文件

本标准内容引用了下列文件中的条款。凡是不注日期的引用文件，其有效版本适用于本标准。

GB 6675　　　国家玩具安全技术规范

GB/T 7705　　平版装潢印刷品

GB/T 9851.1 印刷技术术语 第1部分：基本术语

GB/T 9851.4 印刷技术术语 第4部分：平版印刷术语

GB/T 18359　中小学教科书用纸、印制质量要求和
　　　　　　　检验方法

GB/T 24999　纸盒纸板 亮度（白度）最高限量

CY/T 5　　　平版印刷品质量要求及检验方法

HJ/T 220　　环境标志产品技术要求　胶粘剂

HJ/T 370　　环境标志产品技术要求　胶印油墨

YC/T 207　　卷烟条与盒包装纸中挥发性有机化合物
　　　　　　　的测定顶空－气相色谱法

3 术语和定义

GB/T 9851.1、GB/T 9851.5 确立的，以及下列术语和定义适用于本标准。

3.1 平版印刷 planographic printing

印刷的图文部分和非图文部分几乎处于同一平面的印刷方式。

3.2 上光油 coating solution

涂布在印刷品表面，增加光泽度、耐磨性和防水性的材料。

3.3 喷粉 spray powder

在印刷过程中，防止印刷品背面粘脏和加速油墨干燥的粉剂。

3.4 润湿液 fountain solution

在印刷过程中使印版非图文部分保持疏墨性水溶液。

3.5 计算机直接制版 computer to plate (CTP)

通过计算机和相应设备直接将图文记录到印版上的过程。所用印版称 CTP 版，其版材种类主要分为银盐型、光聚合型、热敏型以及免化学处理和免处理型。

4 基本要求

4.1 印刷产品质量应符合 GB/T 7705 和 CY/T 5

等国家和行业标准要求。

4.2 生产企业污染物排放应达到国家或地方规定的污染物排放标准要求。

4.3 生产企业应加强清洁生产。

5 技术内容

5.1 印刷用原辅料的要求

5.1.1 油墨、上光油、橡皮布、胶黏剂等原辅料不得添加表1中所列物质。

表1 邻苯二甲酸酯类物质

中文名称	英文名称	缩写
邻苯二甲酸二异壬酯	Di-iso-nonylphthalate	DINP
邻苯二甲酸二正辛酯	Di-n-octylphthalate	DNOP
邻苯二甲酸二（2-乙基己基）酯	Di-（2-ethylhexy）-phthalate	DEHP
邻苯二甲酸二异癸酯	Di-isodecylphthalate	DIDP
邻苯二甲酸丁基苄基酯	Butylbenzylphthalate	BBP
邻苯二甲酸二丁酯	Dibutylphthalate	DBP

5.1.2 纸张亮（白）度应符合 GB/T 24999 的要求，中小学教材所用纸张亮（白）度应符合 GB/T 18359 的要求。

5.1.3 油墨应符合 HJ/T 370 的要求。

5.1.4 上光油应为水基或光固化上光油。

5.1.5 喷粉应为植物类喷粉。

5.1.6 润湿液不得含有甲醇。

3

5.1.7 即涂膜覆膜胶黏剂应为水基覆膜胶。

5.2 印刷产品有害物限量应符合表 2 要求。

表 2 印刷产品有害物限量

序号	项目	单位	限值
1	锑（Sb）	mg/kg	≤ 60
2	砷（As）	mg/kg	≤ 25
3	钡（Ba）	mg/kg	≤ 1000
4	铅（Pb）	mg/kg	≤ 90
5	镉（Cd）	mg/kg	≤ 75
6	铬（Cr）	mg/kg	≤ 60
7	汞（Hg）	mg/kg	≤ 60
8	硒（Se）	mg/kg	≤ 500
9	苯	mg/m²	≤ 0.01
10	乙醇	mg/m²	≤ 50.0
11	异丙醇	mg/m²	≤ 5.0
12	丙酮	mg/m²	≤ 1.0
13	丁酮	mg/m²	≤ 0.5
14	乙酸乙酯	mg/m²	≤ 10.0
15	乙酸异丙酯	mg/m²	≤ 5.0
16	正丁醇	mg/m²	≤ 2.5
17	丙二醇甲醚	mg/m²	≤ 60.0
18	乙酸正丙酯	mg/m²	≤ 50.0
19	4-甲基-2-戊酮	mg/m²	≤ 1.0
20	甲苯	mg/m²	≤ 0.5
21	乙酸正丁酯	mg/m²	≤ 5.0
22	乙苯	mg/m²	≤ 0.25
23	二甲苯	mg/m²	≤ 0.25
24	环己酮	mg/m²	≤ 1.0

5.3 印刷宜采用表3所要求的原辅材料，其综合评价得分应超过60。

表3 印刷产品所用原辅材料要求

原辅料	要求	分值分配	总分值
承印物	使用通过可持续森林认证的纸张	25	25
	使用再生纸浆占30%以上的纸张	25	
	使用本色的纸张	25	
印版	使用免处理的CTP印版	5	5
橡皮布	大幅面印刷机换下的橡皮布可在单色机上使用	10	10
	大幅面印刷机换下的橡皮布可在小幅面机上使用	10	
润湿液	使用无醇润湿液	20	20
	使用醇类添加量小于5%的润湿液	10	
印版、橡皮布清洗材料	使用专用抹布清洗橡皮布	7	7
热熔胶	使用聚氨酯（PUR）型热熔胶	8	8
	EVA热熔胶符合HJ/T220的要求	5	
印后表面处理	使用预涂膜	25	25
	水基覆膜胶有害物符合HJ/T 220中包装用水基胶黏剂的要求	10	
	水基上光油有害物符合HJ/T 370中技术内容5.4的要求	15	

5.4 印刷过程宜采用表4所要求的环保措施，其综合评价得分应超过60。

5

表4 印刷过程中环保措施

指标	工序		要求	分值分配	总分值
资源节约	印前		建立实施版面优化设计控制制度	1	12
			建立实施长版印件烤版制度	0.6	
			采用计算机直接制版（CTP）系统和数字化工作流程软件	4.8	
			采用节省油墨软件，利用底色去除(UCR)工艺减少彩色油墨用量	0.8	
			通过数字方式进行文件传输	1.2	
			采用软打样和数码打样	1.8	
			制版与冲片清洗水过滤净化循环使用	1.8	
	印刷	单张纸平印	建立实施装、卸印版、校正套准规矩时间控制制度	1.6	16
			建立实施纸张加放量的控制程序	1.6	
			建立实施印版、橡皮布消耗定额控制程序	1.6	
			建立实施橡皮布的保养程序	1.6	
			建立实施印刷油墨控制程序，集中配墨，定量发放	1.6	
			采用墨色预调和水／墨快速调节装置	0.8	
			采用静电喷粉器	1.6	
			采用喷粉收集装置	1.6	
			采用中央供墨系统	1.6	
			采用自动洗胶布装置	0.6	
			采用无水印刷方式	0.5	
			根据印刷幅面调节幅面和喷粉量	0.5	
			上光油使用后废气集中收集处理后排放	0.8	

6

续表

绿色印刷手册

指标	工序		要求	分值分配	总分值
节能	印刷	卷筒纸平印	建立实施装、卸印版、校正套准规矩时间程序	3.8	16
			建立实施橡皮布的保养程序	3	
			建立实施印刷机台全面生产设备管理程序	3	
			采用墨色预调和水／墨快速调节装置	3	
			采用中央供墨系统	3.2	
		印后加工	建立实施烫箔工艺控制程序	3	12
			建立实施印后表面处理材料的控制程序	3	
			建立实施模切控制程序（教材书刊类不实施考核）	2.4	
			建立实施上光油或覆膜工艺控制程序	3.6	
	印前		采用发光二极管（LED）灯	6.4 / 6.4	12
			采用小直径灯代替大直径灯	4.8	
			采用纳米反光片的灯	2	
			在工作空闲时，电脑置于休眠状态	3.6	
	印刷	单张纸平印	建立实施印刷机能耗考核制度	2	16
			建立实施减少印刷机空转制度	2.5	
			采用发光二极管（LED）灯	4.6 / 4.6	
			采用小直径灯代替大直径灯	2.4	
			采用纳米反光片的灯	1	
			安装自动门，对印刷车间的温度进行有效控制	1.5	
			彩色印件采用多色印刷机印刷	2.4	
			采用中央真空泵系统	2	
		卷筒纸平印	建立实施折页机组以及装纸卷和穿纸等准备时间控制制度	2.4	16
			建立实施印刷机能耗考核制度	2	
			建立实施烘干温度控制程序	2	
			采用发光二极管（LED）灯	4.6 / 4.6	
			采用小直径灯代替大直径灯	2.4	
			采用纳米反光片的灯	1	
			安装自动门，对印刷车间的温度进行有效控制	1.5	
			采用烘干系统加装二次燃烧装置	2.5	

续表

指标	工序	要求	分值分配		总分值
回收、利用	印后加工	建立实施印后加工设备能耗考核制度	2.4		12
		建立实施印后装订工艺制度	3		
		建立实施胶锅温度控制程序	3		
		采用 LED 灯	3.6	3.6	
		采用小直径灯代替大直径灯	2.4		
	回收、利用	建立实施剩余油墨综合利用控制制度	1		20
		建立实施电化铝废料回收制度	2		
		建立实施废物管理制度	2		
		建立实施装订用漆布、人造革、纱布等下脚料回收制度	1		
		建立实施装订用胶粘剂残余胶料回收制度	1		
		建立实施废物台账程序	1.5		
		建立实施印刷车间空调系统余热回收利用程序	1.5		
		建立实施废弃物分类收集程序	3		
		建立实施印版隔离纸、卷筒纸外包装纸皮、表层残破纸、剩余纸尾，废纸边分类回收程序	5		
		采用印前印刷的预涂感光印版	2		

6 检验方法

6.1 技术内容 5.1.3 的检测按照 HJ/T 370 规定的方法进行。

6.2 技术内容 5.2 中表 2 中 1 至 8 项的检测按照 GB 6675 规定的方法进行。

6.3 技术内容 5.2 中表 2 中 9 至 24 项的检测按照 YC/T 207-2006 规定的方法进行。

6.4 技术内容中的其他要求通过文件审查和现场检查的方式进行验证。

8

附录 2

已获得绿色印刷认证企业名单

（截至 2012 年 10 月）

序　号	地　区	企业名称
1	北　京	人民教育出版社印刷厂
2	北　京	北京华联印刷有限公司
3	北　京	北京新华印刷有限公司
4	北　京	北京科信印刷有限公司
5	北　京	中青印刷厂
6	北　京	北京盛通印刷股份有限公司
7	北　京	北京中融安全印务公司
8	北　京	北京联兴盛业印刷股份有限公司
9	北　京	北京汇林印务有限公司
10	北　京	北京京师印务有限公司
11	北　京	北京中科印刷有限公司
12	北　京	北京利丰雅高长城印刷有限公司
13	北　京	北京强华印刷厂
14	北　京	北京一二零一印刷厂
15	北　京	北京天宇星印刷厂
16	北　京	北京朝阳印刷厂有限责任公司
17	北　京	北京印刷集团有限责任公司
18	北　京	北京奇良海德印刷有限公司
19	北　京	北京金盾印刷厂
20	北　京	北京昌联印刷有限公司
21	北　京	北京美通印刷有限公司
22	北　京	北京市鑫霸印务有限公司
23	天　津	高等教育出版社印刷厂（天津）
24	天　津	天津新华二印刷有限公司
25	天　津	天津金彩美术印刷有限公司
26	河　北	河北新华联合印刷有限公司
27	河　北	唐山市润丰印务有限公司

续表

序　号	地　区	企业名称
28	河　北	保定市中画美凯印刷有限公司
29	山　西	山西新华印业有限公司
30	山　西	山西人民印刷有限责任公司
31	内蒙古	内蒙古爱信达教育印务有限责任公司
32	辽　宁	沈阳天择彩色广告印刷有限公司
33	辽　宁	沈阳美程在线印刷有限公司
34	辽　宁	沈阳新华印刷厂
35	黑龙江	黑龙江新华印刷厂
36	黑龙江	黑龙江新华印刷二厂有限责任公司
37	上　海	上海新华印刷有限公司
38	上　海	上海中华商务联合印刷有限公司
39	上　海	上海市烟草包装印刷有限公司
40	上　海	上海美雅延中印刷有限公司
41	上　海	上海市北印刷（集团）有限公司
42	上　海	上海四维数字图文有限公司
43	上　海	上海中华印刷有限公司
44	上　海	上海丽佳制版印刷有限公司
45	上　海	上海书刊印刷有限公司
46	上　海	上海紫丹印务有限公司
47	上　海	上海景条印刷有限公司
48	上　海	上海市印刷十厂有限公司
49	上　海	上海市印刷七厂有限公司
50	上　海	上海锦佳印刷有限公司
51	上　海	上海扬盛印务有限公司
52	上　海	上海天地海设计印刷有限公司
53	江　苏	中闻集团南京印务有限公司
54	江　苏	江苏凤凰盐城印刷有限公司
55	江　苏	南通印刷总厂有限公司

序　号	地　区	企业名称
56	江　苏	江苏徐州新华印刷厂
57	江　苏	南通韬奋印刷有限公司
58	江　苏	苏州印刷总厂有限公司
59	江　苏	江苏凤凰扬州鑫华印刷有限公司
60	江　苏	江苏凤凰印务有限公司
61	江　苏	苏州工业园区美柯乐制版印务有限责任公司
62	江　苏	启东市人民印刷有限公司
63	江　苏	江苏新华印刷厂
64	江　苏	常熟市华通印刷有限公司
65	江　苏	江苏省高淳印刷股份有限公司
66	江　苏	扬中市印刷有限公司
67	江　苏	南京玉河印刷厂
68	江　苏	无锡市证券印刷有限公司
69	江　苏	昆山市亭林印刷有限责任公司
70	江　苏	江苏凤凰通达印刷有限公司
71	江　苏	常熟市华顺印刷有限公司
72	江　苏	南京人民印刷厂
73	江　苏	常州市大华印刷有限公司
74	江　苏	句容市排印厂
75	江　苏	南京爱德印刷有限公司
76	江　苏	江苏淮阴新华印刷厂
77	江　苏	溧阳市东方印务有限公司
78	浙　江	杭州日报报业集团盛元印务有限公司
79	浙　江	浙江新华数码印务有限公司
80	浙　江	杭州长命印刷有限公司
81	浙　江	杭州富春印务有限公司
82	安　徽	安徽新华印刷股份有限公司

绿色印刷手册

续表

序　号	地　区	企业名称
83	安　徽	合肥远东印务有限责任公司
84	江　西	江西教育印务实业有限公司
85	江　西	江西新华印刷集团有限公司
86	江　西	江西华奥印务有限责任公司
87	江　西	江西新华九江印刷有限公司
88	山　东	东港股份有限公司 （原名：东港安全印刷股份有限公司）
89	山　东	山东临沂新华印刷物流集团 有限责任公司
90	山　东	荣成三星印刷有限公司
91	山　东	肥城新华印刷有限公司
92	山　东	章丘昇华彩印广告有限公司
93	山　东	山东鸿杰印务集团有限公司
94	山　东	山东新华印务有限责任公司
95	河　南	河南省瑞光印务股份有限公司
96	河　南	郑州市毛庄印刷厂
97	河　南	河南新达彩印有限公司
98	河　南	河南新华印刷集团有限公司
99	河　南	辉县市文教印务有限公司
100	河　南	南阳市风雅印务有限公司
101	湖　北	中印南方印刷有限公司
102	湖　北	中闻集团武汉印务有限公司
103	湖　北	湖北鄂南新华印刷包装有限公司
104	湖　北	湖北新华印务有限公司
105	湖　南	湖南天闻新华印务有限公司
106	湖　南	常德金鹏印务有限公司
107	湖　南	湖南凌华印务有限责任公司
108	湖　南	长沙鸿发印务实业有限公司
109	广　东	广东新华印刷有限公司

序 号	地 区	企业名称
110	广 东	中华商务联合印刷（广东）有限公司
111	广 东	鸿兴印刷（中国）有限公司
112	广 东	鸿兴印刷（鹤山）有限公司
113	广 东	鹤山雅图仕印刷有限公司
114	广 东	东莞隽思印刷有限公司
115	广 东	阳江市教育印务公司
116	广 东	东莞市翔盈印务有限公司
117	广 东	中山新华商务印刷有限公司
118	广 东	中山鸿兴印刷包装有限公司
119	广 东	东莞金杯印刷有限公司
120	广 东	深圳中华商务安全印务股份有限公司
121	广 东	深圳市佳信达印务有限公司
122	广 东	湛江南华印务有限公司
123	广 东	汕头东风印刷股份有限公司
124	广 东	梅州新华印务有限公司
125	广 西	广西迪美印务有限责任公司
126	广 西	广西大一迪美印刷有限公司
127	重 庆	重庆华林天美印务有限公司
128	重 庆	重庆出版集团印务有限公司
129	重 庆	重庆市涪陵区夏氏印务有限公司
130	重 庆	重庆新华印刷厂
131	重 庆	重庆旭阳印务有限公司
132	四 川	四川新华印刷有限责任公司
133	四 川	四川新华彩色印务有限公司
134	四 川	四川西昌红旗印务有限公司
135	四 川	自贡兴华印务有限公司（原名：自贡新华印刷厂）
136	四 川	南充市宏瑞印务有限公司

续表

序　号	地　区	企业名称
137	贵　州	贵州新华印刷厂
138	贵　州	贵阳德堡快速印务有限公司
139	贵　州	贵阳白云必兴彩印厂
140	贵　州	贵州誉宏祥印务有限公司
141	贵　州	贵州新华印刷二厂
142	云　南	云南新华印刷实业总公司
143	云　南	云南国防印刷厂
144	陕　西	陕西思维印务有限公司
145	陕　西	陕西益和印务有限责任公司
146	陕　西	西安新华印务有限公司
147	甘　肃	兰州石化职业技术学院印刷厂
148	甘　肃	甘肃新华印刷厂
149	甘　肃	兰州新华印刷厂
150	甘　肃	天水新华印刷厂
151	新　疆	新疆新华印刷厂
152	新　疆	克拉玛依市独山子天利人印务有限公司
153	新　疆	新疆兴华夏彩印有限公司

附录 3

中小学教科书环境标志印制要求

一、中小学教科书印制时，要统一将中国环境标志印制在教科书封底左下角，与出版物条码持平。

二、单色印刷的教科书印制中国环境标志单色标识，彩色印刷的教科书印制中国环境标志双色标识，中国环境标志直径约为 20mm。

三、中国环境标志下方增加"绿色印刷产品"字样，单色印刷的教科书采用黑色，彩色印刷的教科书采用与中国环境标志双色标识相同的绿色，宽度与中国环境标志直径相同。

图示如下：

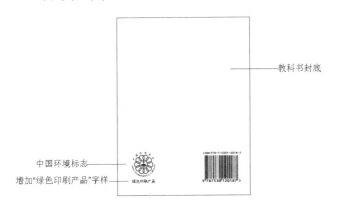

后记

　　编写《绿色印刷手册》（又称"绿皮书"）是新闻出版总署印刷发行管理司和环境保护部科技标准司共同普及绿色印刷知识、推广绿色印刷理念的一项重要工作。2011 年，两部门首次编制该手册，阎晓宏副署长和吴晓青副部长分别为本手册作序。在第二个"绿色印刷宣传周"即将到来之际，我们正式出版该手册，对其部分内容进行了修订，并沿用了两位领导的序言。我们将按照序言中的要求，继续努力做好实施绿色印刷的工作。

　　随着我国绿色印刷的不断发展，其内涵和外延将不断拓展。我们期待读者朋友提出意见，以便我们在再版时进行更新。

编委会

二〇一二年十月